资源型城市绿色基础设施规划理论与实证研究

Ziyuanxing Chengshi Lüse Jichu Sheshi
Guihua Lilun Yu Shizheng Yanjiu

胡庭浩　余慕溪　著

东南大学出版社
SOUTHEAST UNIVERSITY PRESS
·南京·

图书在版编目(CIP)数据

资源型城市绿色基础设施规划理论与实证研究/胡
庭浩,余慕溪著.—南京:东南大学出版社,2022.1
ISBN 978-7-5641-9855-8

Ⅰ.①资… Ⅱ.①胡… ②余… Ⅲ.①城市绿地—绿
化规划—研究—中国 Ⅳ.①TU985.2

中国版本图书馆 CIP 数据核字(2021)第 253928 号

责任编辑:马伟 责任校对:子雪莲 封面设计:顾晓阳 责任印制:周荣虎

资源型城市绿色基础设施规划理论与实证研究

著　　者:胡庭浩　余慕溪
出版发行:东南大学出版社
社　　址:南京四牌楼 2 号　邮编:210096　电话:025-83793330
网　　址:http://www.seupress.com
电子邮件:press@seupress.com
经　　销:全国各地新华书店
印　　刷:广东虎彩云印刷有限公司
开　　本:700mm×1 000mm　1/16
印　　张:13.25
字　　数:224 千字
版　　次:2022 年 1 月第 1 版
印　　次:2022 年 1 月第 1 次印刷
书　　号:ISBN 978-7-5641-9855-8
定　　价:59.00 元

本社图书若有印装质量问题,请直接与营销部调换。电话(传真):025-83791830

本书出版获得下列基金资助

江苏高校优势学科建设工程资助项目(江苏师范大学地理学)

A Project Funded by the Priority Academic Program Development of Jiangsu Higher Education Institutions (Geography, Jiangsu Normal University).

国家留学基金委公派联合培养博士项目：中德煤炭资源型城市绿色基础设施评估、优化与规划策略研究

Joint-PhD Training Program from China Scholarship Council: Green Infrastructure Assessment, Optimization, and Planning Responses in Sino-German Coal Resources Cities.

国家自然科学基金青年基金项目："城市双修"视角下棕地的绿地转型潜力、机制及规划响应研究

Youth Foundation of National Natural Science Foundation of China: Research on the Potential, Mechanism and Planning Response of Brownfields Greening from the Perspective of "Urban Double-Repair".

目　录

导　言

在我国"加快生态文明体制改革,建设美丽中国"的背景下,绿色基础设施(Green Infrastructure,以下简称GI)作为城市生态系统服务的供给主体,是提升人类福祉的重要生命支持系统。然而资源型城市的GI受到城市化和采矿活动的持续影响,开采产生的大量采矿迹地导致城市景观结构不断变化,威胁生态安全和可持续发展。特别是在黄淮东部地区,由于地处高潜水位区域,煤炭井工开采形成地下采空区导致地表沉陷,极大地改变了城市生态空间格局。至2020年末,该区域的济宁、徐州、淮北、永城等城市的采矿迹地面积近5万公顷。但从另一个角度来看,由于黄淮东部地区特殊的气候和地质环境,加之采矿迹地长期处于废弃闲置状态,这使得许多区域进入生态自我恢复的状态并逐渐形成了许多具有高生态韧性的生境热点。这些区域是城市GI构建的重要潜在资源,为重树城市形象,优化和重构城市GI提供了新的机遇。

当前我国正处在生态文明建设的关键时期,如何实现"把山水林田湖草作为生命共同体,通过生态优先、绿色发展等理念的贯彻实施以提升国土空间的开发保护利用水平"将会是我国未来一段时期内国土空间规划体系建设的重要议题。特别是对于黄淮东部地区的煤炭资源型城市来说,GI的构建和优化将会对构建城市的生态安全和提高人类福祉起到有力的推动作用。在此背景下,本书围绕"如何制定适用于资源型城市的GI构建方案"这一核心问题,对资源型城市的GI特征以及构建方法进行了剖析,提出了"GI本底要素识别—GI构建优先级评价—不同需求导向GI构建"的方法体系,并以徐州市为研究区对其进行了GI构建实证研究。

本书主要研究内容如下:首先,从资源型城市的特征入手,系统分析了城市GI的结构与功能;同时对GI相关规划进行文本挖掘,应用生态系统服务指标体系框架,得到GI相关规划的生态系统服务评价因子覆盖水平。其次,分别从GI的构成、构建尺度、生态效益、构建方法层面深度剖析城市GI构建的一般范式,结合城市GI构建的生态系统服务需求和资源型城市的生态特征,提出了资源型城市GI构建技术路径。再次,采用生态韧性评价方法对徐州都市区采煤沉陷区进行 GI 斑块识别,进而将采煤沉陷区 GI 斑块与城市其他生态斑块进行融合,运用形态学格局分析法对城市全域 GI 斑块进行识别筛选,获得城市 GI 构建本底要素。然后,建立城市 GI 构建优先级评价指标体系,得到调节服务、支持服务和文化服务需求导向下的徐州都市区 GI 构建优先级评价结果;通过进一步判定各需求的权重,获得综合服务需求导向下的城市 GI 构建优先级评价结果。最后,根据前文得到的不同需求导向下的 GI 构建优先级评价结果,对 GI 本底要素进行分级与定型,分别构建出一、二、三级的核心区与廊道,进而对调节、支持、文化和综合服务需求导向下的城市 GI 构建结果进行分析,并分别提出了相对应的 GI 管控策略。

1 文献综述与研究述评

1.1 研究背景

1.1.1 资源型城市生态环境受到采矿活动的持续威胁

受世界能源结构的调整和国际市场的冲击,我国开始逐步推进"供给侧结构性改革"任务,大量矿业企业减产关停,但采矿活动对城市生态系统造成的破坏却难以在短时间内消除。相比其他类型的资源城市,煤炭资源型城市发展普遍较早,这也使得这一类城市的社会、经济发展与自然环境之间的矛盾最为突出,普遍面临着严重的生态环境问题[1]。特别是在黄淮东部地区,由于地处高潜水位区域,煤炭井工开采形成地下采空区导致地表沉陷,极大地改变了城市生态空间格局。至 2019 年末,该区域的徐州、淮北、枣庄、永城等城市的采煤沉陷区面积近 5 万 $hm^{2[2]}$。但是从另一个角度来看,采煤沉陷区也是具有一定的生态潜力的。由于黄淮东部地区特殊的地理环境和采煤沉陷区长期处于废弃状态,这使得许多沉陷区形成了新的具有较高生态价值的生境空间,对生物多样性维持和生态系统服务供给起到了积极作用。

2015 年中央城市工作会议明确提出"生态修复、城市修补"的城市双修指导思想。采煤沉陷区成为资源型城市功能更新的关键点。2016 年《国务院办公厅关于加快推进采煤沉陷区综合治理的意见》中也明确指出:"要加强采煤沉陷区市政基础设施建设和生态恢复建设,把生态文明建设放在突出位置,走一条发展中保护、保护中发展的可持续之路。"因此,如何发掘采煤沉陷区的生态潜力、优化城市生态系统服务供给,是黄淮东部地区煤炭资源型城市可持续发展研究和实践的重要方向。资源型城市绿色基础设施系统的重构,不仅意味着生态网络的构建,土地用途的改变,更重要的是通过采煤沉陷区的修复和利用来补偿和优化城市的生态空间结构,不断提升城市整体的生态系统服务功能,最终实现资源型城市绿色、可持续发展。

1.1.2 合理保护和规划城市 GI 是实现资源型城市可持续发展的重要举措

城市 GI 的保护和规划是建设美丽中国的基础,对于提升人居环境质量,维持城市绿色、健康、可持续发展具有重要意义。城市 GI 侧重于对自然系统所提供的生态、社会和经济综合效益进行积极探究和转化,相对于公路、给排水管网、电力通信等市政灰色基础设施,GI 可以提供多样化的生态系统服务供给,包括提供清洁的水源、可再生能源,缓解城市热岛效应,为动物提供迁徙、繁育的场所,为市民提供户外休闲场所等[3]。习近平总书记在2018 年全国生态环境保护大会中也明确强调,要深刻把握山水林田湖草的生命共同体思想,像对待生命一样对待生态环境,还自然以宁静、和谐、美丽。2020 年,中央全面深化改革委员会会议审议通过《全国重要生态系统保护和修复重大工程总体规划》,强调要在把握自然演替规律和机理的前提下,着力提升生态系统的韧性和稳定性,全面提高生态系统的产品供给能力和服务供给水平。

1.1.3 城市 GI 构建方法仍有进一步深化的空间

城市 GI 构建本质上是基于景观生态学方法对城市自然资源进行保护和利用的政策性战略。国内外很多学者都强调了 GI 是城市健康运转与保障人类福祉的重要保证,但目前相关研究多集中于自然区域和城市边缘的半自然区域,以生物多样性和连通性为核心性指标[4]。在一定程度上 GI 在规划与构建方法上忽视了城市的特性与要素。当然,在人类扰动极小的纯自然生态系统或人为保护的半自然生态系统中,这一理论方法显然适用。但在复杂的城市生态系统中,片面强调生物多样性的保护远远不能实现人类福祉和可持续发展。已有国外学者指出,尽管 GI 的效益是多方面的,但是在具体规划实施时由于知识有限或利益相关方参与不全面,往往只考虑个别因素,这导致选址缺乏宏观规划,GI 并没有建在最能发挥作用的地方[5]。因此,如何统筹协调 GI 的各种生态系统服务效益是 GI 规划构建研究的一个新方向,也是本研究讨论的重要方面。

综上,GI 思想方法是维护城市生态安全格局,提升城市生态系统服务,引导资源型城市走上绿色、可持续发展的重要途径。而"如何抓住资源型城市的 GI 生态特征",以及"如何实现城市 GI 生态系统服务供给最优"是实现上述发展途径的两个前提。因此,研究资源型城市 GI 的特征,基于生态系统服务功能的提升来建构城市 GI 网络,是实现资源型城市可持续发展的关键。本研究的展开将有助于丰富 GI 理论方法内涵和对象,拓宽研究视角。在现实层面,研究也为优化资源型城市生态空间、优化城市生态系统服务供给提供参考和借鉴。

1.2 相关概念辨析

1.2.1 绿色基础设施

绿色基础设施(GI)是城市重要的生命支持系统,是保证人类福祉和城市绿色、健康发展的根基[6]。自 20 世纪 90 年代末美国学者首次明确提出 GI 这一概念以来,其迅速成为景观规划学界家喻户晓的概念和方法。但实际上 GI 并不是一个全新的概念,其可追溯到 20 世纪时西方对于城市休闲空间和公共卫生的需求和关注[7],以及绿带、绿道规划、花园城市运动等景观生态学和城市生态学思想理论[8-9],如奥姆斯特德(Frederick Olmsted)19 世纪在美国的"翡翠项链"项目,埃比尼泽·霍华德(Ebenezer Howard)的田园城市理论,以及莱奇沃思和韦尔温(Letchworth and Welwyn)20 世纪早期的英国城镇开放空间规划实践。20 世纪 60 年代,随着生态保护运动的兴起,景观生态学理论开始迅速发展,城市生态和绿色空间的相关研究得到了系统性的理论方法支撑,出现了以物种和生物多样性保护为目标的生物廊道和生态网络研究。1990 年初,美国学者查尔斯·利特尔(Charles Little)在其《美国的绿道》一书中把 GI 界定为"绿道系统的扩展"和"全新的基础设施类别"[10],GI 概念正式出现在公众视野中。GI 的发展阶段和特点见表 1-1。

表 1-1　GI 的发展阶段和特点

时间段	发展阶段	代表性成果	发展目标	支撑领域
1850—1950 年	早期萌芽阶段	田园城市、开放空间	公共卫生、审美、游憩功能的改善	景观设计、城市设计
1950—1990 年	初步成熟阶段	生物廊道、生态网络	生物多样性保护、可持续发展	生态学、景观生态学、自然地理学
1990 年至今	飞速发展阶段	GI、LID、水敏性城市	精明增长、生态系统服务提升	景观生态学、自然地理学、城市规划、水文学、市政工程等多学科交叉

不同国家对 GI 概念的理解也不尽相同,很难以一种"全球化"的标准来对其进行定义。在美国,GI 是解决城市雨洪调控的重要手段,美国环境保护署将 GI 定义为:"通过自然系统或模拟自然系统的地方雨水径流管理设计,包括绿色屋顶、植被、雨水公园、集雨设施、生态调节沟、人工湿地、透水道路"[11]。在加拿大,GI 还包括用生态化手段减缓或补偿灰色基础设施给环境带来的影响,即实现传统基础设施的生态化及绿色设计。当前大力倡导的低影响开发(LID)理念的本质和核心就是通过 GI 的方法来解决市政问题[12]。GI 与灰色基础设施(由道路、桥梁、铁路以及其他确保工业化经济正常运作所必需的公共设施所组成的网络)同样被看作是维持城市系统正常运作,保障人类福祉的重要前提[13]。在欧洲,GI 被理解为一种重要的"生命支持系统"和生态系统服务的供给主体,欧盟将 GI 定义为"一种具有自然和半自然及其他环境特征的战略规划和生态系统服务传递网络"[14]。其包含了在陆地(包括沿海地区)和海洋地区各类型的绿色空间或蓝色空间(即与水生生态系统有关地区)和其他相关的物理特征。在陆地表面,GI 主要呈现于城乡的环境之中[15]。

在国内,北京大学的俞孔坚教授团队于 21 世纪初提出了类似于 GI 的生态系统设施(EI)的概念和规划方法,强调 EI 是维护城市生态安全格局和实现可持续发展的关键[16]。2004 年,张秋明在生态基础设施理念之上,系统介绍了 GI 的内涵、尺度、生态功能,以及规划构建方法等[17]。随后,部分学者对 GI 概念以及发展、作用特征、相关理论等做了框架性阐述,并对国外先进经验进行了介绍[18-19]。2009 年后,有关 GI 的研究开始在国内大量出现。由于我国尚未出台国家层面的 GI 顶层设计或指导性文件,相关研究中 GI 的界定大都以借鉴国外概念为主。

在本研究中 GI 被定义为"一种提供各类生态系统服务的战略性生态网络,其涵盖了城乡范畴下的各种自然和半自然的绿色和蓝色空间"。这一界定强调了 GI 人工与自然并存、城市和乡村融合、陆地和水域并行、生物和人类共赢的理念,体现了保护自然生态系统与为人类提供多样化的生态系统服务的双重目标。

随着人地矛盾的日益紧张,面向城市绿色化、生态化的新发展概念层出不穷。这些概念与 GI 在内涵上既有重合又有区别。表 1-2 从属性特征和功能特征两个方面对 GI 相关概念进行了辨析。

表 1-2 GI 与相关概念辨析

相关概念	背景		属性特征				功能特征				
	提出时间	理论渊源	连通性	多尺度	多功能性	多学科交叉	保障生态安全格局	保护生物多样性	控制城市蔓延	提升城市韧性	提供游憩文教娱乐
GI	20世纪90年代初	景观生态学理论发展的产物	√	√	√	√	√	√	√	√	√
灰色基础设施	20世纪20年代末	各类市政基础设施的总称	√	√		√					
生态基础设施	1984年	出自人与生物圈计划（Man and Biosphere Programme，MAB）针对全球14个城市的城市生态系统研究报告，是景观生态学与可持续发展理论发展的产物			√		√	√		√	√
基于自然的解决方案	2016年	由世界自然保护联盟（IUCN）提出，是全球气候变迁背景下生态系统服务研究发展的产物		√	√	√	√	√			√
绿带	19世纪80年代	最早出自奥姆斯特德的翡翠项目	√		√					√	√
城市绿地系统	2002年	出自我国2002年版的《城市绿地分类标准》，是城乡规划专项规划进一步落实城市绿色空间规划各项子指标和规划细节	√		√	√	√		√	√
LID	20世纪80年代	最早可见于20世纪80年代美国的雨洪管理实践，是可持续景观设计与城市雨洪管理理论结合的产物		√	√	√	√			√	
海绵城市	2012年	在杭州举办的低碳城市发展论坛会议上，"海绵城市"一词首次被提出			√	√	√			√	

（续表）

相关概念	背景			属性特征				功能特征				
	提出时间	理论渊源		连通性	多尺度	多功能性	多学科交叉	保障生态安全格局	保护生物多样性	控制城市蔓延	提升城市韧性	提供游憩文教娱乐
精明增长	2000年	由"美国精明增长联盟"提出，其目的是解决低密度城市的无序蔓延及改善城市公共空间		√	√	√		√		√		

1.2.2　生态系统服务

　　生态系统服务被认为是人类从大自然中直接或者间接获得的各种惠益的总称[20]。1997年，罗伯特·科斯坦萨在《自然》上发表名为 The value of the world's ecosystem services and natural capital（《全球生态系统服务和自然资本的价值》）的文章，指出人类赖以生存的一切资源归根到底都是来自自然生态系统的馈赠，即生态系统服务。它是人类直接或间接从生态系统中获得的收益，可划分为17种类型[21]。同年，格雷琴·戴莉在 Nature's Service：Societal Dependence on Natural Ecosystem 一书中提出生态系统服务是自然生态系统所能提供的满足人类生活需要的条件和过程。生态系统服务方法使得定量化、系统化计算分析人类福祉成为可能。目前国际上使用较为广泛的生态系统服务评价指标体系包括千禧年生态系统评估分类（Millennium Ecosystem Services Assessment，MEA）、生态系统服务和生物多样性经济学分类（The Economics of Ecosystems and Biodiversity，TEEB）以及生态系统服务国际通用分类（The Common International Classification of Ecosystem Services，CICES）三类。虽然上述三个指标体系在生态系统服务类别和具体指标上略有不同，但总体上看生态系统服务可以被划分为供给服务、调节服务、支持服务和文化服务四大类。供给服务是人类从大自然中获得的各种实质性的惠益，如粮食生产、淡水供给，以及木材和原材料供给等。调节服务则起到了维持人类社会的生态安全、缓解自然灾害和极端气候的作用，如调节城市雨洪、缓解热岛效应、净化水源等。支持服务是保证其他各类生态系统服务供给的基础，起到了维持自然生态系统正常运转的作用,具体的服务类型包括养分循环、提供生境、维持生物多样性等。文化服务是人类在自然中休闲游憩所获得的成就感、满足感、幸福感。与其他三类生态系统服务相比,文化服务更偏向于个体主观的感受。文化服务的评测指标常包括景观质量、绿地可达性、景观美学价值、自然的教育功能等。

必须要强调的是,在城市尺度下 GI 和生态系统服务是两个不可分割的概念,二者存在着结构和功能的因果关系。GI 的数量、规模、尺度和结构决定了生态系统服务的供给水平,而生态系统服务也表征了 GI 的结构特征。GI 是生态系统服务的供给主体,而 GI 构建规划的目的在于如何实现生态系统服务的供给最优。

1.2.3 煤炭资源型城市

煤炭资源型城市因矿而生或因矿而起,由单个或若干煤矿逐步发展成为以煤炭开采为支柱产业,集生产、生活、配套服务于一体的工业城市。煤炭的生产和贸易是城市的主要职能,以煤炭采掘为核心的产业链条是该类型城市的产业支柱。煤炭资源型城市不仅是一个特定的产业门类概念,同时也跟城市行政区划密不可分。鉴于此,煤炭资源型城市可以理解为:因矿而生或因城市附近的煤矿开采而使城市重新崛起,并以煤炭相关产业为主导的工业城市[22]。对于煤炭资源型城市的界定,目前国内学界主要有两种观点:一种是根据城市中煤炭相关产业产值和从业人数来决定;另一种是将上述两方面的指标进行权重叠加,根据研究具体情况综合判定。

在本研究中,对于煤炭资源型城市的概念选取张文忠复合型多指标界定法,确定三个定量化的结构指标:①煤炭资源型产业增加值占城市工业增加值的比例为 10%;②煤炭资源型产业从业人数占比 5% 以上;③与煤炭相关的某种资源产品的全国市场份额占比在 3% 以上。以上条件若能满足其中之一,则可划入煤炭资源型城市研究范畴[23]。根据城市资源保障能力和可持续发展能力不同,目前我国煤炭资源型城市中成长型有 16 个,成熟型有 41 个,衰退型有 24 个,再生型有 3 个。

1.2.4 采煤沉陷区

采煤沉陷区的概念来自恢复生态学研究领域,主要研究对象为煤矿开采区域及周边。由于不同国家国情、研究层面的差异,其叫法也不尽相同。

在德国、奥地利、比利时等国家,其常被称为 coal-mining subsidence area;在英国常被称作 sinkholes in coal mining areas;在美国则被称为 sinking region in coal mine area。国内的常用表达包括采煤沉陷区、采煤塌陷地、采煤塌陷区等。虽然国内外对采煤沉陷湿地的表达不尽相同,但从内涵上来看其所指的研究对象是一致的,即受采煤活动影响导致地表沉陷破损而无法直接使用的土地[24]。其具体特征表现为:①生态稳定性被破坏;②景观均质性发生变化;③形成了重大自然灾害风险源[25]。

结合国内外界定和研究的具体情况,本书将采煤沉陷区界定为:在黄淮东部地区因煤炭井工开采致使地表沉陷损毁的土地。同时在降水和高潜水位综合作用下,沉陷区范围内常形成季节性或常年积水,进而导致原有陆生生态系统逐渐被水生生态系统替代的次生性湿地景观。

1.3 文献综述

1.3.1 国内外绿色基础设施研究热点

1) 国外研究热点

总览现阶段国外 GI 研究成果,研究尺度多为国家以下和本地化评估,在具体研究对象、方法和内容上,各国研究成果也具有很强的差异性[26]。从不同研究领域来看,景观规划师认为 GI 这一概念起源于探索一种新方式以解决栖息地破碎化问题[27];自然保护主义者多强调 GI 在生物多样性和生境保护方面的价值[28];城市规划师更关注其所能为城市提供的综合效益[29];建筑师和市政工程师多强调 GI 在绿色建筑和雨洪调节等方面的作用[30];地理学家和生态学家关注 GI 所能提供的生态系统服务功能与人类福祉[5]。虽然不同国家、不同学科背景的学者对 GI 的内涵和研究范畴的界定存在争议,但"生态网络"(ecological networks)、"连通性"(connectivity)和"多功能性"(multifunctionality)往往是不同 GI 定义的共同关注点[4-5,8,26]。随着不同学科领域对于这一概念的持续关注,当前国际上对 GI 的研究呈现出交叉合作的态势,研究成果可归纳为人类福祉、自然环境与生物多样性保护、市政问题的绿色化解决方案三大主题,并主要集中于以下 5 个方面:GI 与气候变迁、GI 与雨洪调控、GI 与空气质量、GI 与城市居民福祉、GI 与公众认知和参与。

（1）GI 与气候变迁

GI 与气候变迁的相关研究主要集中在两个方面。一是 GI 在应对因气候变迁所导致的洪水、暴雨、热岛效应等方面的对策和应用[31]。GI 可以通过调控城市下垫面用地的性质、结构和规模来应对气候变迁带来的影响，如通过垂直绿化、生态湿地、下渗铺装、雨洪公园等来调节地表径流和雨水下渗率，进而起到调蓄洪峰、缓解热岛、疏导大气污染等功效[32]。二是 GI 的生命机理决定了其能够直接或间接地缓解气候变迁造成的影响。GI 的草地、森林、人工林等绿色空间能够直接通过光合作用吸收二氧化碳，缓解温室效应并实现碳固定[33]，在这一过程中其又可以降低局部温度，调节城市和区域的小气候，实现节能减排的作用[34]。

（2）GI 与雨洪调控

将 GI 的生态特征与市政基础设施结合，利用垂直绿化、绿色屋顶、透水铺装、雨洪公园、生态湿地、生态雨洪沟渠建设来管制城市的地表径流，从而实现优化城市水资源管制、缓解极端气候事件和自然灾害的目标。国外最早的相关研究来自 20 世纪 70 年代美国提出的 BMPS 管制措施；随后，美国又于 20 世纪末提出了低影响开发理念，并一直沿用至今；在澳大利亚，水敏性城市建设是 GI 雨洪调控功能的规划落实途径，并已在黄金海岸市取得了良好的效果；新西兰则提出了结合低影响开发理念和水敏性城市理念的低影响城市设计思想；在中国，海绵城市建设亦在如火如荼地展开，并已在重庆、厦门、武汉、嘉兴等城市开展了试点工作。现有的 GI 雨洪调控具体技术手段主要体现在控制总径流、下渗率、径流峰值，稀释排解重金属污染物方面[35]。上述研究成果论证了 GI 在雨洪调控方面具有良好的效果并已取得了丰富的实践经验[36]。

（3）GI 与空气质量

GI 与空气质量的关系研究包括两大方面。第一，GI 能够在一定尺度上疏导大气污染，合理优化 GI 空间格局，规划清风廊道能够有效疏散城市上空的粉尘颗粒和化学污染物，相关研究已在柏林、德累斯顿、罗马，以及我国的北京、南京、上海等城市展开[37]。第二，GI 的绿色空间对改善空气质量具有重大意义。这主要体现在：植物叶片上的特殊物理化学结构能够有效吸附尘埃和化学污染物，抑制细菌病毒滋生；绿色植物的光合作用能够产生大量的负氧离子，在缓解温室效应的同时也能够有效改善空气质量[38]。

（4）GI 与城市居民福祉

GI 对城市居民福祉的作用主要通过生态系统的调节服务和文化服务加

以体现。在调节服务方面,城市中的蓝色和绿色空间可以有效降低极端气候对市民生命财产的安全的威胁[39]。植被和水体的粉尘吸附、空气净化功能可以降低呼吸道、肺部和心血管疾病的发病概率[40]。对城市热岛效应的疏导排解可以降低夏季城市温度,疏散污染物,进而提升居民的身心健康[41]。GI 对城市噪声污染的阻隔和降低可以缓解居民的情绪,降低身心危害[42]。在文化服务方面,GI 的生态系统服务供给有助于提升城市居民的社会认同感、生活幸福感和荣誉感,对提高居民的心理健康和幸福感具有重要帮助[38]。在当今高压力快节奏的生活方式下,城市优越的自然生态环境可以激发居民积极的工作生活态度,增强自信心和保持乐观的心态[43],同时也有利于营造良好的人际关系,增加工作生活中的凝聚力和合作性,控制消极抑郁的负面情绪影响[44]。也有研究发现,医院病房外优美的自然环境可以使住院病人疾病被更快治愈[45],居民住区绿地的布局和质量也与居民寿命呈显著的相关关系[46]。

(5) GI 与公众认知和参与

城市中的市民是 GI 规划构建后的最主要受益者。在历史、法律制度、决策制度等的综合作用下,欧美发达国家的 GI 的公众参与已取得了良好的效果。有学者通过研究美国西雅图 GI 绿道规划管制政策后发现,私人和非营利组织实际上在推动项目的规划和落地上起到了关键的作用[47]。也有学者认为 GI 规划应以居民福祉提升为目标,建议自下而上由社区发起和实施[48]。赫克特和罗珊提出了 GI 公平指数的计算分析方法,用以指导 GI 优先区域的构建规划[49]。麦尔等学者通过对比英国和德国的 GI 规划后发现,德国的 GI 规划大都落实于非法定层面,并且以城市和区域的非政府组织加以落实和引导[50]。

2) 国内研究热点

在中国,进入 21 世纪以后,部分学者将生态基础设施概念引入国内,且对生态基础设施在世界范围内的起源、背景及发展趋势进行了梳理和总结[16]。随后,国内学者对 GI 概念发展、作用特征、相关理论等做了框架性阐述,并对国外先进经验如美国马里兰州绿道系统[52]、美国城市绿图计划等进行介绍[19]。2009 年以后,GI 相关研究开展逐渐成为热点,GI 作为维护城市生态安全格局、保障人类福祉的政策性工具,开始在国内学术界被广泛探讨[52]。总的来说,我国目前对于 GI 的相关研究还是以政策性解析和小尺度规划设计应用为主,但实际上 GI 的思想方法已经被应用于城市景观、生态和城市规划设计等领域。通过对相关研究文献分析发现,我国 GI 研究主要集中于 GI 的内涵和框架研究、GI 的生态功能研究,以及 GI 的规划方法研究。

(1) GI 的内涵和框架研究

张秋明是我国首次引入并深入解读 GI 概念和内涵的学者,其在《绿色基础设施》一文中详细阐述了 GI 的理论范式[17]。随后,部分学者对 GI 概念以及发展、作用特征、相关理论等做了概括性的介绍[53-54];在这一阶段,国内关于 GI 的研究以介绍欧美国家的先进经验和规划建设案例为主,其中美国马里兰州的绿道规划是众多学者阐释的经典案例[51,55]。刑忠、乔欣等人重点分析了美国城市绿图计划,并将其运用到城乡接合部的绿色空间保护中[19]。

随后,国内学者也开始结合我国时代背景和特征,系统性地思考 GI 的内涵和适用于我国的研究方法以及理论框架。吴伟、付喜娥认为 GI 应该作为城市基础设施的一个新类别,对解决城市生态环境和生物多样性保护等问题具有系统性和全局性的功能,其所强调的弹性规划理念有助于促进城市空间的合理布局和良性扩张[55]。也有学者强调 GI 在城市管制层面的功能,GI 要素构成的系统能够有效管理其范围内城市的生态环境问题和可持续发展问题[56]。李开然认为,GI 与传统绿色空间、生态空间、开敞空间概念的根本区别在于其非常强调系统内部要素的连通性,GI 只有相互连通形成网络才能发挥最大的生态功效[57]。刘滨谊等系统地梳理了适用于我国不同尺度下的 GI 规划的思路和内容,并提出了未来的发展方向[58]。贺炜等指出了 GI 理念与城市绿地规划思想的区别在于 GI 的多目标、多功能和多尺度性,并且分析了未来 GI 融入城市绿地系统规划中的方法策略[59]。

(2) GI 的生态系统服务研究

生态系统服务是人类可以从自然中获得的各种惠益的总和,而 GI 的理论方法本质上是通过优化结构来提升研究区域内的生态系统服务[54]。随着生态系统服务理论研究的逐步深入和成熟,GI 与生态系统服务研究的结合也越来越紧密。安超、沈清基从空间利用生态绩效的角度研究 GI 构建方法,提出 GI 构建要以充分发挥生态系统服务为宗旨[60]。赵丹、李屹峰、傅伯杰等很多学者研究了土地利用结构和生态系统服务之间的关系[61-63],对生态系统服务功能的定量研究基本多是依托罗伯特·科斯坦萨和谢高地提出的价值量表并加以改进完善。这些学者将生态系统服务与城市生态空间的结构特征相结合,开启了国内城市 GI 功能定量化的研究先河。由于生态系统服务的评价测算过程相对复杂,国内 GI 功能研究多是针对某一类 GI 发挥的生态服务功能或 GI 某一方面生态系统服务功能发挥进行探讨[64],这其中,GI 的雨洪调控功能是国内研究的热点方向。如姜丽宁等介绍了美国低影响开发理念在城市雨洪管理中的应用,并将国外经验与国内的海绵城市项目进行了对比分析[65]。杨锐等对国内外雨洪花园的规划实例进行了分析,并构建了适合我国国情特征的建设体系[66]。

（3）GI 的规划方法研究

GI 革新了传统城市绿地系统规划的理念和思路,在其引导下的城市绿地和生态规划也代表了一种"生态优先"的规划新思路。国内的学者和规划师将 GI 方法应用于城市廊道构建、滨水景观带设计、水网规划等方面,拓宽了规划的视角和内涵。李开然、李迪华等探讨了以绿道系统为主要架构的 GI 相关内容[57,67]。蒋文伟等分别对 GI 核心区、廊道、绿带规划的理论和实例进行了探讨[68]。应君、张青萍等进行城乡绿色基础设施体系实施的相关研究,并在《城市绿色基础设施及其体系构建》一文中强调 GI 与城市市政基础设施一样具有基础服务功能,是系统化解决人地关系的实现方式[69]。裴丹、刘滨谊等对 GI 构建方法、GI 构建指标体系及实践进行了研究[70-71];也有学者将 GI 构建与城市生态安全格局体系建设紧密联系在一起,如汪自书、吕春英等论述了 GI 指导下城市生态核心区、生态廊道和缓冲区的构建方法和管控策略[72]。总的来看,目前国内城市 GI 研究对象多为高城市化水平的大都市,如深圳、南京、杭州和慈溪等[73]。

1.3.2 资源型城市绿色基础设施构建研究

完整而连续的 GI 是维护城市生态安全格局和引导城市空间可持续发展的重要前提。对于资源型城市而言,除了快速的城市蔓延外,采矿活动造成的土地损毁和对原有景观格局的破坏是阻碍煤炭资源型城市 GI 系统健康完整的最主要原因。因此,如何有效地将采矿破坏的土地进行生态恢复并纳入城市 GI 中是煤炭资源型城市 GI 构建和规划的主要任务,也是国内外学界关注的重点。

1）国外研究现状

虽然 GI 概念于 20 世纪 90 年代才正式提出,但基于景观生态学理论的煤炭资源型城市及矿区的土地复垦研究已大量出现。矿区的污染治理、土地复垦、生态修复等都是将其纳入城市 GI 系统的重要手段。

二战后,西方发达国家普遍制定了矿区土地复垦的法律和规章以防止不正当的煤矿开采造成生态环境的破坏。各国对矿区复垦的研究首先始于对损毁土地的复垦治理,进而逐渐延展至对矿区和矿业城市可持续发展的探讨。

在美国,煤炭资源型城市的矿区生态修复一直是矿业城市转型发展的前提之一。煤炭开采后必须复垦,开采土地要恢复成原有景观地貌,用于农业生产或植树种草,保护土地生态,防止水土流失[74]。大多数的采矿废弃地被复垦为林地、草地、湖泊等开敞空间[75]。在英国,煤炭资源型城市的生态修复主要以经济利用为主要导向,重点工作集中在恢复被开采损毁的林地和农田以重新恢复生产功能。英国政府出台了多项鼓励政策以扶持采矿废弃地的改造与再利用[76]。在德国,矿区的景观生态重建一直是长期追求的目标。煤矿区和工业用地被开发为郊野公园、露天影院等,强调设计结合自然,通过设计加强自然与社会的连接[77]。

20世纪90年代以来,受化石能源枯竭和全球气候变迁影响,矿产废弃土地的清洁、修复和再利用得到广泛关注,GI成为矿区工业废弃地修复利用的一个重要方向[78]。由于在西方发达国家大部分的矿区多布局于城镇外围,因此国外相关研究大都集中在矿区本身,尺度较小。采矿活动必然会对矿区周边自然生态系统的结果和功能造成持续性影响[79],因此有学者将GI的"系统性""多功能性""多目标性"应用到采矿废弃地的复垦复绿研究中[80]。舒尔茨等论证了矿区工业废弃地上丰富的生物多样性和濒危物种的适应性[81],自然恢复而非人为干扰下的自然动态变化是其较优的策略选择。克里斯多夫等分析了采矿废弃地在修复为生态空间过程中的技术问题和规划后的管制问题[82]。也有学者对采矿废弃地的修复结果进行了探讨,提出了对修复绩效的测评方法[83]。同时,由于受到矿区工业废弃地自然因素的影响,如土壤侵蚀与污染、边坡失稳、草场退化等,很多生态修复技术问题也被广泛讨论和研究。

此外,矿业城市与气候变化这一议题也是目前讨论的热点[84]。紧凑的城市结构被普遍认为是高效而节能的,这对于降低碳排放意义显著,而格局松散的城市被认为可以更好地适应环境变化[85]。在这一抉择过程中,城市GI可以起到很好的权衡作用[86]。资源型城市不可避免地受到采矿废弃地、地下结构不稳以及地表沉陷的影响,同时与其相关的产业,如钢铁、化工、能源产业在退出后,其所占有土地也无法直接有效利用。城市GI则能有效缓和城市中由于重工业发展造成的排水不畅和极端天气的影响[87-88],以及具有较强的吸纳降解污染物[89],以及固碳的能力[90]。

归纳来看,国外相关研究多从资源型城市的矿区与采矿废弃地本身出发,探讨的内容包括采矿废弃地的生态修复[91]、土地复垦[92]、生态景观用地转换策略[93]、采矿废弃地对湿地系统的补偿研究[94],以及通过 GIS、RS 等技术手段研究矿区的生态重建等[95-96],研究对象既包括地表的采矿废弃地,还包括地下采空区的空间系统[97]。总的来说,国外有关煤炭资源型城市的环境与生态研究大都局限于小尺度的矿区本身,而对于资源型城市的整体环境与生态空间研究关注不足,这主要是由于一方面国外的"矿""城"关系相对独立,另一方面国外的矿业城镇规模普遍较小,人地矛盾相对较少。

2)国内研究现状

由于我国特殊的自然条件,我国资源型城市,特别是煤炭资源型城市的数量较多,分布广泛。与国外相比,我国的煤炭资源型城市生态环境相关研究也更为丰富。

(1)煤炭资源型城市 GI 的生态修复研究

在实现手段上,煤炭资源型城市 GI 构建的目标在于如何将采煤损毁土地有效地纳入 GI 系统中来。因此,矿区的复垦是实现这一目标首先要解决的问题。国内相关研究始于 20 世纪 80 年代,早期的研究关注的重点是如何实现塌陷地的农业复垦利用,研究对象单一[98]。土壤改良与植被恢复、地形地貌恢复等是采煤沉陷区生态恢复最为传统而核心的研究内容。这一研究方向主要针对国家面临的现实问题进行研究,包括金属矿山开采后的污染治理和复垦研究,露天煤矿开采后的生态修复技术研究,地下井工开采的沉陷治理研究。

进入 20 世纪 90 年代后,在可持续发展思想的指导下,土地复垦研究开始从环境破坏治理向采矿全过程的监控和关注转变,其强调矿区的土地复垦和生态修复是前提,最终目标是要实现区域的振兴和生态、经济、社会的协同发展[99]。这一时期的研究多从资源和生态角度着手,探讨适用于我国不同区域、不同类型矿业城市的可持续发展模式[100],相关研究领域也拓展到景观更新设计、生态恢复、生物多样性保护,以及利用 3S 技术对矿区生态环境进行监测分析等方面[101-102]。

这一阶段国内学者的关注热点包括采煤塌陷区的治理模式[103]和矿山生态环境建设探讨两个方面[104]。胡振琪、常江等探讨了矿区生态修复、采煤沉陷区再利用的适宜性评价、再利用的规划调控等[105,100]。方创琳等对黄淮东部地区的淮南市和淮北市的采煤沉陷湿地演变进行了研究,并提出了治理对策[106]。苏继红等从景观适宜性设计角度分析了煤炭资源型城市采煤沉陷区的规划设计方法[107]。纪万斌系统地梳理了我国煤炭资源型城市的类型和与之对应的生态问题,从急迫性、重要性、可行性方面分析了生态环境问题的治理策略和补偿机制[108]。

(2)煤炭资源型城市 GI 构建的理论框架研究

21 世纪初,在我国快速城镇化的驱动下,矿区的再利用研究开始向以城镇为背景转移。随着我国越来越多的煤炭资源型城市面临资源枯竭、生态破坏等问题,如何复垦修复这些土地资源并将其转换为"可用"状态成为这一时期的研究热点。研究内容涵盖了煤矿封井关闭后的土地退出、资源型城市矿区的城市更新、损毁矿山的改造策略,以及采煤沉陷区生态修复模式和再开发方向研究等[109]。很多学者将矿区的恢复与再利用同城市经济、社会问题合并研究。如张伟等分析了城市发展对采煤沉陷区整治的内外部动力,并从经济、文化、社会、生态四个方面探讨了采煤沉陷区和城市发展的关系,认为资源型城市采煤沉陷区的发展策略应紧密结合城市的发展形势,科学制定修复后的发展策略[110]。也有学者尝试从经济、社会、生态等层面构建评价指标体系,测评矿区生态系统内部的相互作用关系,研究矿区全生命周期的发展演变过程[111]。

(3)煤炭资源型城市 GI 构建的技术手段研究

随着景观生态学理论以及 GIS、RS 技术的应用推广,针对生态系统和大尺度景观类型的研究成为新的热点。在黄淮东部地区,徐州市是学者研究的重点对象城市。廖谌婳运用景观生态学原理分析了黄淮平原高潜水位特征下的采煤沉陷区生态规划的步骤和方法[112]。侯湖平等以徐州城北矿区为例,分析了时间序列下煤炭开采对矿区景观格局影响的演变规律,提出了生态修复的策略[113]。李保杰等测评了徐州贾汪矿区的生态系统服务供给水平,系统研究了矿区景观格局演变和生态系统服务的关系[114]。徐嘉兴等系统分析了贾汪矿区景观质量的演变,提出矿区生态治理和土地复垦是景观质量提升的主要措施[115]。渠爱雪则从徐州整个市域出发,分析了煤炭资源型城市土地利用和生态格局的演化关系[116]。

目前国内从城市全域尺度来探究煤炭资源型城市 GI 的相关研究很少,其中冯姗姗探讨了城市 GI 引导下的采煤沉陷区生态恢复理论与规划研究方法[117]。任小耿通过景观生态学方法构建了徐州市的 GI 网络体系[118]。胡庭浩探讨了将采煤沉陷区纳入城市 GI 网络中的手段,以及通过景观生态学方法构建了徐州市的 GI 网络体系[119]。

(4)煤炭资源型城市 GI 的规划保障研究

近些年在城市规划领域也出现了以城市视角研究采煤沉陷区的不少成

果。如鲍艳等分析了矿山关闭后的利用问题,探讨了如何将其与城市的土地利用规划相结合[111]。卢喜林等针对我国不同煤矿区的特征提出了复垦后与规划环评衔接的策略[120]。也有学者从矿区总体规划的编制内容、实施保障、规划后评价等方面进行探讨[121]。余慕溪则是对矿井关闭后的土地的利益博弈进行了研究[122]。在具体研究案例上,张石磊等系统分析了白山市在景观、土地、二元结构等方面的现实问题,提出从规划导向、规划体系、规划内容、规划落实四个方面的规划响应机制[123]。陈明等分析了济宁市城市发展与资源压覆之间的矛盾,提出了统筹地上和地下空间关系,完善规划管理体制,加强土地集约利用的应对方法[124]。也有学者尝试将采煤塌陷地纳入城市绿地系统中,认为这些区域是城市重要的生境,也是生物多样性的热点区域[125]。

(5) 煤炭资源型城市 GI 的政策保障研究

煤炭资源型城市是由社会、经济、生态所组成的复杂生态系统,要实现煤炭资源型城市的生态恢复与可持续发展必然要涉及多学科交叉。国内很多学者从社会经济、资源经济、生态经济视角探讨了矿区土地复垦后对城市发展的经济社会效益[126],认为矿区的生态修复仅仅是区域活化和持续发展的第一步,生态修复后的重点在于将损毁土地及其周边区域看作一个自然-社会复合系统,强调后续系统的稳定性和社会综合效益[127]。也有学者构建了融合经济、生态、政策、环境和资源等方面的矿业城市可持续发展评价指标,为城市可持续发展提供保障依据[128]。矿区生态修复的效果很大程度上取决于个人和集体间对于土地权属问题的博弈[129],因此有学者尝试从失地居民、矿企、政府三方面构建土地博弈模型,分析各利益主体的行为模式,探究矛盾的解决方式[130]。有学者从矿区受损土地居民的个体角度出发,通过实地调查的方式搜集居民对土地复垦的看法和诉求,结果表明农户对复垦的意愿主要由补贴资金、农户收入和土地权属流转决定[134]。

1.4 研究述评

国内外对于资源型城市的生态问题研究呈现出由矿区复垦和生态环境治理研究逐步走向城市尺度下的景观格局和可持续发展研究的趋势,而 GI 方法理论的发展恰恰为这种转变提供了理论基础。由于 GI 的概念仍相对较新,且国内外的研究和实践仍处于初期阶段,通过归纳总结,相关研究在以下四个方面仍有待进一步深化。

第一,目前国内外研究中全面衡量 GI 在供给服务、调节服务、支持服务和文化服务的研究并不多,大多数研究都关注于城市 GI 的某一类型的服务。如国内非常火热的海绵城市、水敏性城市就是对调节服务中的雨洪调控功能的研究;大多数的城市生态空间和景观安全格局研究也仅仅考虑了支持服务中的生物多样性和连通性指标。城市 GI 功能的研究仍相对片面,不同城市 GI 生态功能的测算和相互关系需要更为全面的综合统筹。

第二,在研究对象上,国内研究多面向普通类型的发达城市,对矿业城市等特殊类型城市的研究较少。针对煤炭资源型城市 GI 的研究也大都集中在矿区本身,探讨如何将其纳入城市 GI 系统中,而系统地从城市尺度上研究煤炭资源型城市的较少。特别是对于纳入后的城市 GI 系统的生态系统服务,以及采煤沉陷区所发挥的生态效益和价值的探讨仍有待进一步拓展。

第三,在 GI 的构建方法上,目前国内外的相关研究多集中于自然区域和城市边缘的半自然区域,对于 GI 的构建与规划方法多是以景观质量和生物多样性为两大前提性指标,以现状生态禀赋较好的热点地区为核心,以保护和恢复为主要手段。这就导致 GI 在规划与构建方法上或多或少地忽视了城市的特性与要素,城市 GI 没有规划在需求度最高的地方。

第四,由于 GI 在我国的规划体系中处于非法定规划的地位,且国家层面尚未出台相关指导性规划和发展政策,这使得国内的 GI 研究大都集中于解决 GI 构建中的技术性手段,如 GI 核心区、廊道的选取、小尺度 GI 景观设计,而缺乏系统而完整的 GI 构建体系的研究。

综上所述,目前有关资源型城市 GI 构建和规划的研究仍不够完善。在进一步的研究中应结合国内外最新的研究进展,着重从以下三个方面展开:①明确资源型城市 GI 本底要素的识别方法;②尝试从生态系统服务的角度判定城市 GI 构建的高需求区,确定构建优先级;③制定需求导向下的 GI 构建策略。基于对国内外煤炭资源型城市 GI 研究成果的归纳总结并结合未来研究展望,本书的核心将聚焦于构建适用于黄淮东部地区煤炭资源型城市的 GI 构建方法体系,在补充完善 GI 方法理论的同时也有助于促进该区域煤炭资源型城市绿色、健康、可持续的发展。

2 资源型城市 GI 的特征分析

　　黄淮东部地区是我国东部重要的能源基地和产煤地区。由于煤炭资源开发时间早、开发强度大,使得这一区域形成了众多的煤炭资源型城市。长期的煤炭开采和特殊的气候、地理条件致使该区域的煤炭资源型城市 GI 格局发生了明显的变化,威胁着城市的生态安全格局和居民福祉。本章首先介绍了黄淮东部地区的范围和特征,梳理了区域内煤炭资源型城市的概况,分析了各个城市的 GI 总量和构成;其次对该区域煤炭资源型城市的 GI 结构特征、功能特征和规划特征进行总结分析;最后阐述了黄淮东部地区煤炭资源型城市未来 GI 发展的机遇与挑战。

2.1 黄淮东部地区煤炭资源型城市概况

　　黄淮地区泛指黄河下游和淮河流域的北部地区,是华北平原的南部地区,主要由黄河、淮河下游泥沙冲积而成。主要包含河南、安徽、江苏和山东四省地区,以聊城、菏泽、商丘一线为界,可将黄淮地区划分为东部和西部地区[132]。黄淮东部地区总面积达 29.21 万 km²,包括徐州、连云港、亳州、宿州、商丘、开封等 31 个地级市。

　　黄淮东部地区矿产资源丰富,尤以煤炭资源储备最为突出,是我国东部地区重要的能源基地。该区域内煤田面积为 1.74 万 km²,分布有永夏煤田、淮北煤田、徐州煤田、兖州煤田、滕州煤田、济宁煤田。目前我国 13 个亿吨级煤炭能源基地中的两淮煤电基地、鲁西煤炭基地以及河南东部的永夏矿区都位于黄淮东部地区。2019 年,该区域的原煤产量占华东地区比重近 5 成。依据《全国资源型城市可持续发展规划(2013—2020 年)》,黄淮东部地区的煤炭资源型城市中包括 2 个成长型,5 个成熟型,3 个衰退型和 1 个再生型。

　　在黄淮东部地区这一研究范围内,部分煤炭资源型城市由于煤炭资源的日益枯竭和产业转型升级逐渐发展为其他类型的资源型城市。以徐州市为例,作为我国华东地区重要的煤炭和能源基地,其能源产业比重曾占江苏省的 7 成以上,但随着矿产资源的枯竭和产业升级,煤炭产业特征逐渐消失。

由于采矿活动造成的大量工矿废弃地仍对城市的生态、经济、社会发展造成了长期而强烈的扰动,因此,本研究将徐州市以及背景类似的淄博市也纳入研究范围内,所指的黄淮东部地区煤炭资源型城市(区)共有 11 个,其中包括 10 个地级市、1 个县级市(见表 2-1)。

表 2-1　黄淮东部地区煤炭资源型城市分类

城市类型	城市
成长型	永城市、阜阳市
成熟型	淮南市、亳州市、宿州市、济宁市、泰安市
衰退型	淮北市、淄博市、枣庄市
再生型	徐州市

2.1.1　自然地理概况

1) 地形地貌

位于黄河以南淮河以北的黄淮东部地区属于中国的南北过渡地带,西部边界为 116°东经线附近。地形以山地丘陵为主(如山东丘陵地区),向东逐渐过渡为黄河水系与淮河水系的冲积平原地带,地势较为平缓,平均海拔较低。

2) 气候条件

黄淮东部地区大致位于北纬 33°至 35.5°之间,处于北半球中纬度大陆东岸的温带季风气候带,具有夏季高温多雨、冬季寒冷干燥的气候特征。年平均降水量在 600~1 200 mm 之间,年际变化较大。黄淮东部地区煤炭资源型城市的湿润系数介于 0.45~0.57 之间,属于半湿润地区。

3) 水文地质条件

水文地质条件是采矿区在发生大规模塌陷和沉陷后形成积水的必要因素之一。黄淮东部地区属华北盆地地下水系统亚区和淮河中下游平原地下水系统亚区。其中,后者普遍分布有孔隙含水岩组,包括浅层潜水-微承压含水层和承压含水层。在本地区,含水层厚度一般为 8~15 m,最大处可达 40 m。因此,相对于西北部采矿区地下水资源匮乏的情况,黄淮东部地区丰富的地下水资源与相对较高的潜水水位可以使采煤塌陷地地下水上升、聚积,是形成湿地、湖泊等水系统的重要环境因素。

4）矿区分布

我国14个亿吨级煤炭基地中有3个基地位于黄淮东部地区，自西向东为河南基地（永夏矿区）、两淮基地和鲁西基地。永夏矿区地跨河南省商丘市的永城和夏邑两地，含煤面积约2 056 km²，远景资源量100亿t，其中永城是我国六大无烟煤生产基地，而夏邑县境内的煤炭资源尚处于普查阶段，未来潜力巨大；两淮基地位于安徽省淮北市和淮南市，探明煤炭储量近300亿t，是我国首个大型煤电基地，包括淮北和淮南两大矿区，勘查规划区域面积达2 279.69 km²；鲁西基地位于山东省境内，分布于兖州、济宁、新汶、肥城和枣滕等十个矿区，由于本地区的煤炭资源普遍埋藏较深，开采方式全部为利用井筒和地下巷道系统的井工开采，这就容易导致地表土地产生大范围的塌陷与沉陷。

因此，本地区的矿区不仅分布较广，而且资源储量、开采情况（包括开采深度、时间跨度等）都很大，且在未来一定时期仍将是我国煤炭资源开采的重点。这些因素必将对矿区及其周边地区的生态环境造成长时间、多辐射的深远影响。

2.1.2　经济社会概况

煤炭产业的发展会对该区域的社会及经济的发展产生重要的影响，因此将从人口、城镇化率、经济发展水平、产业结构等方面对黄淮东部地区煤炭资源型城市进行分析。

1）人口及城镇化率

2019年黄淮东部地区11个煤炭资源型城市常住人口总量达5 767万人，其中，阜阳、徐州和济宁三市的常住人口大于800万人，永城为县级市，人口规模较小，仅124.15万人；11市的平均城镇化率为57.2%，略低于全国平均水平（60.6%），且各市之间城镇化水平存在明显差异。其中，仅淮北、淮南、徐州、泰安和淄博的城镇化率高于当年全国平均水平（见图2-1）。

成长型煤炭资源型城市将在未来一段时期以煤炭产业为主导，第二、三产业的整体发展仍处于较低的水平，因此城镇就业人口比重较低。成熟型城市中煤炭产业的发展对城市化进程已经起到了一定的促进作用，但由于近年来煤炭产业自动化生产技术的提高，由劳动密集型产业向技术密集型转变，产业的发展对城镇就业人口的增长推动有限，城镇化水平也相对滞后。因此，成长型与成熟型城市的平均城镇化率较低，分别为47.6%和54.6%。衰退型城市中煤炭产业开始逐渐退出历史舞台，但是在完善的城镇

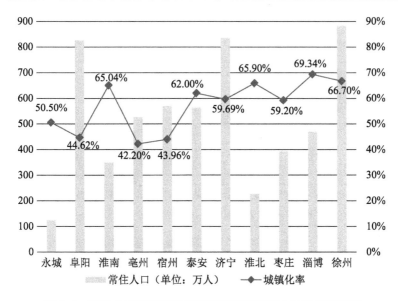

图 2-1 **2019 年黄淮东部地区煤炭资源型城市人口及城镇化率**

基础设施、新兴产业的接续带来的就业资源增加等因素的推动下,衰退型城镇人口仍然不断增长,城镇化率达到近 62.6%,按照国际标准,已经基本实现城镇化。对于再生型城市,产业的转型、科技的升级为城市发展提供了新的内生动力,加上国家对老工业基地的政策倾斜等外部因素,为城镇人口的持续增长提供了基础,城镇化程度在各类城市中最高,接近 68%。

2)经济发展水平

2019 年,黄淮东部地区 11 个煤炭资源型城市的 GDP 总量近 2.9 万亿元,其中济宁、淄博及徐州的城市 GDP 总量超过 3 000 亿元;11 市人均 GDP 约 5 万元,仅徐州市和淄博市人均 GDP 高于全国平均水平,不同城市间经济水平差距较大(见图 2-2)。各煤炭资源型城市 GDP 的增长率高于全国平均水平的仅包括永城、阜阳、亳州和宿州,大部分城市经济增长率低于全国水平。

从不同城市类型来看,成长型和成熟型城市的人均 GDP 略低于衰退型与再生型城市,但 GDP 增长率高(见图 2-3),分别为 8.7% 和 6.7%;衰退型与再生型城市人均 GDP 水平相对较高,但经济增长缓慢,分别为 3.3% 和 4.8%。这种经济增长的差异性是由不同类型的城市中煤炭产业所处的阶段不同所造成的[133]。成长型城市处于煤炭资源开发的上升阶段,作为劳动密集型和资本密集型产业代表,在煤炭产业发展的初期阶段可以在短期内大量聚集社会的人口要素与经济要素,使成长型城市具有快速增长经济的能

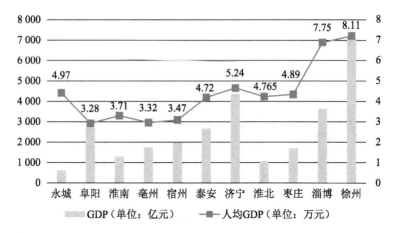

图 2-2　2019 年黄淮东部地区煤炭资源型城市经济水平

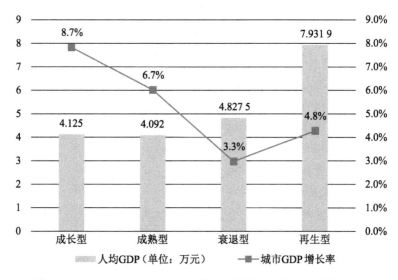

图 2-3　2019 年黄淮东部地区不同类型煤炭资源型城市 GDP 情况

力。在成熟型城市中,煤炭资源经过多年的开采,技术水平、劳动力、产量都趋于平稳状态,产业链聚集程度高,城市的基础设施建设也趋于完善,可以保证城市在一段时间内经济快速生长。但相较于成长型城市,可持续发展能力略有下降,经济增长速度放缓。衰退型城市面临煤炭资源趋于枯竭、城市生态破坏、基础设施陈旧等诸多经济与社会问题,城市经济进入低速增长阶段。在开始产业转型后,通过政策及市场的引导,部分衰退型城市逐渐成为再生型城市,经济增长速度开始逐步回升。

3）产业结构

2019 年黄淮东部地区煤炭资源型城市产业结构如图 2-4 所示。第一产业占比小,约为 10%,淄博市占比最低,仅 4.1%;大量的资本和劳动力流入非物质生产部门,使第三产业占比最高,均值约为 49%;第二产业紧追其后,约 41%左右。

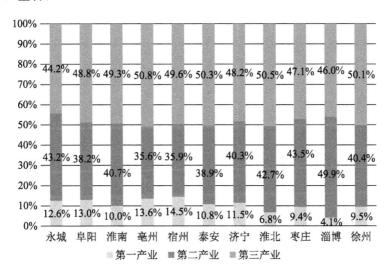

图 2-4　2019 年黄淮东部地区煤炭资源型城市产业结构图

2.1.3　城市 GI 概况

1）各市 GI 资源构成

根据前文对 GI 概念的界定,GI 包含了“城乡范畴下的各种自然和半自然的绿色和蓝色空间”。因此,研究从黄淮东部地区煤炭资源型城市各市的绿色和蓝色空间进行统计整理,梳理各市的 GI 资源构成。考虑到统计的精确性和数据的可获取性,研究以各市都市区范围内的城市园林绿地面积作为城市绿色空间的分析对象,未将屋顶绿化、垂直绿化,以及牧草地、耕地考虑在内。蓝色空间方面,统计对象包括了城市中的河流、湖泊、水库、采煤沉陷湿地等。数据来源包括 2019 年各市的统计年鉴、中国城市发展年鉴,以及各市的湿地资源普查结果。

根据统计结果分析,黄淮东部地区煤炭资源型城市都市区 GI 总面积为 2 410.05 km²。由于各市的行政区划和自然地理条件不同,其在城市 GI 资源比重上亦存在较大差异。济宁市的 GI 资源最为富饶,面积达 576.66 km²,

占都市区总面积的 16.15%，GI 资源占比以绝对优势领先于黄淮东部地区的其他煤炭资源型城市。位于第二梯队的是阜阳市、淮北市、徐州市和泰安市，这些城市的 GI 资源占比在 10%～13% 之间，亦拥有较为丰富的 GI 资源。处于第三梯队的四个城市包括永城市、淮南市、淄博市和枣庄市，它们的都市区 GI 占比在 7%～10% 之间。亳州市和宿州市的都市区 GI 占比最低，仅为 5.42% 和 4.13%（图 2-5）。

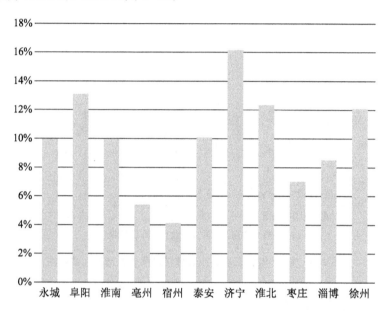

图 2-5　黄淮东部地区煤炭资源型城市都市区 GI 资源占比

在 GI 构成结构上，淮北市、淄博市和徐州市的 GI 绿色空间比例较大，占比分别达到 6.63%、6.31%、5.17%。济宁市和阜阳市则在 GI 蓝色空间上占比较大，分别为 13.62% 和 9.87%。总的来看，淮北市、济宁市、徐州市和泰安市在 GI 资源比重和蓝色、绿色空间的比例上都处于较高的水平，宿州市和亳州市的 GI 资源禀赋则相对较差。

2）绿色空间分布情况

绿色空间的统计对象包括了 11 个煤炭资源型城市的公园绿地、生产绿地、防护绿地、附属绿地和自然保护区。这些绿色空间是城市 GI 最主要的组成部分，也是城市生态系统服务的主要供给地。淄博市和徐州市的绿色空间面积分别达到了 188.63 km² 和 161.65 km²，占都市区面积的 6.31% 和 5.17%。虽然淮北市的园林绿地面积仅有 47.14 km²，但由于其都市区面积较小,城市绿色空间面积仍占到都市区 6.63%,是绿色空间占比最高的城市。其他大部分城市的绿色空间占比在 3%～5% 之间,这些城市包括永城市、泰安市、阜阳市、淮南市、枣庄市和济宁市。亳州市和宿州市的绿色空间占比最低,仅为 1.73% 和 1.11%(见图 2-6)。

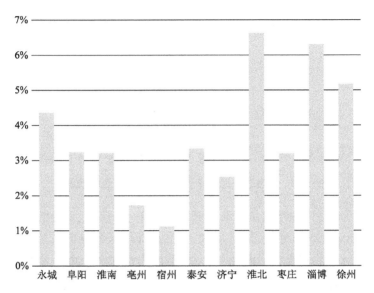

图 2-6　黄淮东部地区煤炭资源型城市都市区绿色空间占比

在人均绿色空间面积上,11 市的人均绿色空间面积为 16.7 m²,高于全国平均水平 15.6 个百分点。其中泰安市、阜阳市和淄博市的水平较高,超过了 19 m²/人。11 市中,宿州市和淮南市的人均绿色空间面积表现最差,分别为 13.70 m²/人 和 13.14 m²/人,低于全国平均水平 14.1 m²/人。

3）蓝色空间分布情况

依据《关于特别是作为水禽栖息地的国际重要湿地公约》《全国湿地资源综合调查技术规程》的分类系统与分类标准,黄淮东部地区煤炭资源型城市的蓝色空间涵盖了河流湿地、湖泊湿地、沼泽湿地和人工湿地四类,其中人工湿地包括库塘、输水河、水产养殖场和采煤沉陷湿地四种类型。总的来看,各市在蓝色空间的比率上存在较大的差异性。其中济宁市的蓝色空间面积最大,占比也最高,达到了 13.62%。阜阳市位居第二,蓝色空间面积为 191.71 km²,占都市区面积的 9.87%。徐州市、泰安市、淮南市、淮北市和永城市蓝色空间占都市区面积的比重集中分布于 5%～7% 之间,处于中等水平。枣庄市、亳州市、宿州市和淄博市的蓝色空间占比分别为 3.82%、

3.69%、3.02%和2.20%,占比相对较低(见图2-7)。

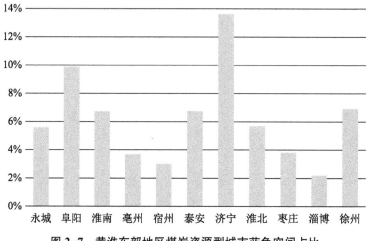

图2-7 黄淮东部地区煤炭资源型城市蓝色空间占比

采煤沉陷湿地的增加是黄淮东部地区蓝色空间面积不断增长的主要原因。据统计,从2016年至2020年底,黄淮东部地区煤炭资源型城市将新增近33 000 hm² 的采煤沉陷湿地[134]。目前淮南市和济宁市是黄淮东部地区产煤量最大的两个城市,也是采煤沉陷湿地规模最大的两市,合计超过12 000 hm²。泰安市和淮北市的采煤沉陷湿地规模分别为4 200 hm² 和4 900 hm²。宿州市、枣庄市、永城市和阜阳市的采煤沉陷湿地规模在2 000~3 000 hm² 之间。徐州市、亳州市是在1 000 hm² 左右。淄博市最小,为39 hm²(见图2-8)。

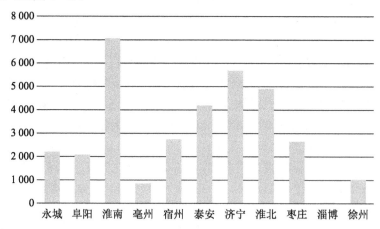

图2-8 黄淮东部地区煤炭资源型城市采煤沉陷湿地面积(单位:hm²)

2.2 城市 GI 结构特征分析

煤炭井工开采造成的地表塌陷是导致煤炭资源型城市 GI 结构和特性区别于其他一般类型城市的最主要原因。井工开采是指因煤层远离地表而进行的地下开掘巷道开采煤炭。在特殊的自然地理和储煤条件下,黄淮东部地区的采煤沉陷地大都是由井工开采造成的。从形成原理上来看,当煤炭被开采出后,采空区上方的结构会在重力的作用下向下弯曲移动。当上方结构应力超过顶板的抗拉强度极限时会造成顶部岩层的破裂,进而导致上覆岩层的崩落塌陷。随着开采活动的进行,受到影响的岩层也在不断扩大,并在地表形成一个比地下采空区规模大得多的塌陷盆地,导致地表的一系列生态环境问题(图 2-9)。

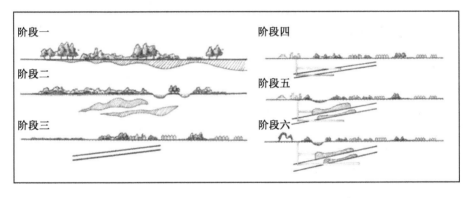

图 2-9 黄淮东部地区采煤沉陷区形成机理示意图

资料来源:改绘自参考文献[122]

黄淮东部地区的煤炭资源型城市有着相似的地理环境、区域特征、生态条件和经济结构。该地区分布着华东地区最大的煤田,由于该区域多为平原地区,布局着大量粮煤复合区,受高潜水位和地理气候影响,沉陷积水是该区域采煤沉陷区的最大特征,开采沉陷致使地表损毁、房屋塌陷、基础设施遭到破坏、粮食减产或绝产。这些粮煤复合区域面临非常严重的人口、资源与环境矛盾。

2.2.1 煤炭开采对 GI 结构的影响

黄淮东部地区的煤炭资源型城市有着相似的地理环境、区域特征、生态条件,受到相似的生态环境的外部干扰。随着煤炭资源的开采,该区域煤炭资源型城市塌陷积水特征明显,导致区域内景观异质性增加、连通性减弱、破碎化程度增高等问题,进而引发区域生态系统服务水平降低,物种生境改变,栖息地损毁。该区域内煤炭资源型城市 GI 在结构方面具有以下特征。

1) 形成水陆复合生态系统

水域形成及水系变化是黄淮东部地区采煤沉陷区的显著景观类型。塌陷使得高潜水位地下水浮出地表,形成以池塘、湿地、沼泽等水体为主导的水陆复合生态系统,这是该区域特有而典型的景观特征。

一方面,采煤沉陷造成的水体也带来了诸多的生态环境问题。沉陷区内水体结构的破坏、水文过程的紊乱和水质的污染,需要长期、系统化的修复和治理,消耗大量的人力和物力,是城市中环境较为恶劣、生态薄弱、治理困难地段。水系结构破坏表现为自然河流断流、阻塞严重,人工排灌系统瘫痪。原因在于采煤塌陷截取了地表水体径流,消减了地表水体的补给源,改变了水系结构、水流方向及积水深度,河段长期缺乏疏浚,淤积严重。同时塌陷对灌排水系统影响巨大,灌溉及排水等水利设施受损或缺乏,汛期受涝相当严重。此外,目前很多采煤塌陷地的景观和水体修复显得系统性不足,很多沦为"面子工程"。如徐州市九里湖湿地公园由于缺乏对区域水系整体修复和沉陷预计,公园沉陷仍在继续发生,造成了公园内的设施和景观的二次损毁(图 2-10)。

图 2-10　徐州市九里湖湿地公园因二次沉陷造成的损毁

另一方面,对于该区域内一些水资源较为贫瘠的城市,这些采煤沉陷区可修复为城市宝贵的生态资源,为城市 GI 的优化提供机遇。由于很多采煤沉陷区长期处于一种未受人类活动干扰的状态,其本身已经进入了自我生态修复的良性状态并形成了具有较高生物多样性的生态斑块和节点。经过水质净化以及景观重塑后,这些采煤沉陷区很多已成为城市的重要生态斑块,甚至是城市名片,如位于徐州市贾汪区的潘安湖国家生态湿地公园和淮北市的南湖国家湿地公园皆已为城市带来了良好的生态效益、社会效益,并起到了示范作用。

2)导致自然与半自然景观的变迁

土地的塌陷导致城市的自然和半自然景观发生剧烈的变化,原有的包括农田、林地、草地等 GI 要素的生态系统服务能力减弱甚至完全丧失。同时大量的房屋和市政设施遭到损毁,生产及生活设施几乎都被破坏,这也使得居民不得不搬离受塌陷影响的聚居点,塌陷区域生态环境的人类扰动也开始减弱,生态系统进入新的演替阶段。具体表现为:该区域原有的小麦、玉米、大豆和林果等自然和半自然植被作物被水生物种所演替;原食物链顶层的动物因栖息地遭破坏而被迫迁徙,原有生态系统稳定性丧失。从目前的采煤沉陷区利用类型来看,不同条件、不同区位的塌陷地具有不同的使用功能,主要包括饲养型采煤沉陷区、景观型采煤沉陷区和废弃型采煤沉陷区。

(1)饲养型采煤沉陷区

饲养型采煤沉陷区是黄淮东部地区区域采煤沉陷后的主要利用方式。总体上来看,饲养型采煤塌陷地面积相对较小,分布零散。附近居民会对原有沉陷湿地进行进一步的下挖加深和平整。该类沉陷区多用于水产鱼虾养殖、种植水生作物、养殖家禽等。根据对徐州、淮北、永城等市的调研,黄淮东部地区的饲养型采煤沉陷区的形成完全取决于地表沉陷情况,难以形成规模化的产业体系,经济效益水平较低(图 2-11)。

图 2-11 饲养型采煤沉陷区

(2)景观型采煤沉陷区

景观型采煤沉陷区指塌陷较深的积水区经过整理可以作为城市的景观公园和生态湿地,从而达到维持生物多样性,提供休闲游憩场地,促进城市观光、旅游、科普教育等功能的目的。淮北市的南湖湿地公园、济宁市的如意湖生态公园和徐州市的潘安湖国家湿地公园都是景观型采煤沉陷区的经典案例(图 2-12)。

图 2-12　景观型采煤沉陷地

(3) 废弃型采煤沉陷区

废弃型采煤沉陷区是不利于耕作而被长期空置荒废的土地,以及部分村庄搬迁后的闲置建设用地。这类土地多因污染严重、塌陷积水过深、地形起伏较大而被废弃闲置,很多被附近居民作为废弃物和垃圾丢弃场地,生态环境较差。由于其本身受到污染或人为干扰较为严重,生态自我修复水平也较低。对于淮南市、永城市等成熟和成长型煤炭资源型城市来说,该类型的塌陷地分布较广,是采煤沉陷区生态修复治理的重点区域(图 2-13)。

图 2-13　废弃型采煤沉陷区

3) 造成 GI 网络破碎化

在完整的 GI 网络中,斑块的大小、位置、形状、面积以及斑块间的距离等特征直接影响着 GI 网络的连通性和生态功能质量。在黄淮东部地区的煤炭资源型城市中,采矿活动造成的大量采煤沉陷区使得城市 GI 的景观格局发生了显著的变化,进而导致了整个城市 GI 的结构变化和功能性状的改变。煤炭资源型城市因采矿活动而形成的塌陷积水区、矸石山,废弃的工业设施、厂房建筑等采煤沉陷区是城市生态修复的关键点,也是城市 GI 规划

构建的重要潜在资源。其中尤以采煤沉陷区中的采煤塌陷区对地表损害最
为严重,其会对地表覆盖造成不可逆转的毁坏,如大量的塌陷积水会改变农
田景观,导致地表上原有的耕地、村庄、基础设施的原有功能丧失。同时开
采活动中的大量建筑设施自发性建设、道路交通建设,致使景观格局被分割
成孤立的斑块,形成大量孤岛,造成生态格局空间上的断裂,最终导致 GI 网
络破碎化,生态服务功能被破坏,GI 整体性丧失(图 2-14)。

图 2-14　采煤塌陷造成的土地损毁

受采矿活动和城市化的双重影响,黄淮东部地区的煤炭资源型城市的
GI 普遍呈现出破碎化的趋势。研究表明,斑块面积的缩小对生物多样性的
维持有着显著的消极影响[135]。同时较小的斑块对于外部干扰的响应也更
为敏感,维持自身生态过程稳定的能力相对较弱。斑块的破碎化不利于湿
地内部物质、能量和信息的流动,从而使动植物的生境受损。尽管煤炭开采
形成的大量采煤沉陷湿地从客观上增加了城市 GI 中的“蓝色空间”,但资源
开采中形成的尾矿和尾水引起的水环境恶化却进一步加剧了 GI 整体结构
的破碎化,在没有经过生态修复的情况下,这些新增湿地的植被覆盖率普遍
较低且种类单一,生境质量处于较低水平。

4) 导致生态用地性质发生转变

采煤沉陷区因其复杂的土地权属关系导致原生态用地损毁后很难复原回原用地属性。

从矿企的视角来看,企业本着利益最大化的原则,并不愿意在沉陷区复垦上投入过多的劳动力和资本。很多情况下是将复垦工作转包给村集体并给予一定的资金补偿,但这种方式很难保证土地复垦的质量和进度,进而导致土地的继续荒废。同时,企业也希望将沉陷区土地流转为可以获利的存量土地以获取利益,如将沉陷区内少量的工业广场等盘活为住宅、商业、地产等利用方式进行招拍挂,即使大量土地废弃、低效利用也不愿将土地退出。

从政府的视角来看,由于采煤沉陷区大都位于城市建成区的边缘地带,其作为城市发展的"伤疤"和不宜建设土地大都游离于城市的发展规划之外。对于这些不能立即创造土地财政收入同时还需要高额生态修复投入的土地,政府的重视程度和工作力度往往表现不足。此外,在"保护18亿亩耕地红线"的基本国策下,采煤沉陷区的农业复垦往往成为生态修复的首要目标,但过程中往往只重视数量指标而缺乏对城市生态空间结构和功能的合理安排。如政府通过修复采煤沉陷区为农田来置换城市建设用地占用指标以实现"占补平衡",但这些土地在沉陷损毁前有很大一部分为城市的林地等生态空间。上述现实背景使得城市生态空间在土地沉陷损毁后很难从规划和政策的角度得到支持。

2.2.2 城市 GI 格局分析

采煤沉陷区是黄淮东部地区煤炭资源型城市发展的必然产物。采煤沉陷区与城市 GI 的关系是动态变化的,随着采煤活动的开展和城市化进程的不断加快,城市 GI 空间也被不断挤压,采煤沉陷区与城市 GI 在空间上也呈现相互交织的态势,二者的矛盾也越来越突出。总体上来看,城市的采煤沉陷区与城市 GI 在结构上主要有包围型、压占型和交织型三种关系模式(见图 2-15)。

包围型指城市采煤沉陷区对城市 GI 空间形成了包围的态势,GI 空间发展无法突破采煤沉陷区的阻隔。这种模式下城市的采煤沉陷区面积往往大于城市的 GI 空间,煤炭开采对城市生态空间的挤压也远大于城市化的影响,是制约城市 GI 系统健康可持续发展的首要因素。淮北市就是典型的包围型模式,由于其是"因矿而生,先矿后城"的煤炭资源型城市,煤炭资源大

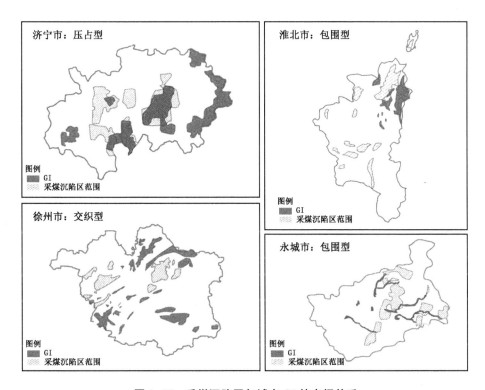

图 2-15 采煤沉陷区与城市 GI 的空间关系

量开采,先后在城市的北部和东南部形成了采煤沉陷区近 230 km²,且仍以每年 4.5 km² 的速度增加。淮北市 GI 空间主要集中于都市区的东北部,处于采煤沉陷区的包围中。压占型指城市采煤沉陷区与 GI 空间相互重叠并呈现出前者不断侵蚀后者的态势。在济宁市,由于煤田主要分布于都市区中部,仅中心城区外围就分布了多达 16 家矿企,塌陷面积近 300 km²。这些矿企的采煤工作面逐渐延伸至原生态用地的范围内,并导致地表 GI 空间因沉陷和损毁形成废弃地和裸地,直接破坏了城市 GI 的结构完整性。交织型指城市采煤沉陷区与 GI 空间呈现交织分布,采煤沉陷区的规模相对较小,GI 在空间布局上趋于破碎化。在徐州市,采煤沉陷区多位于生态环境及社会环境较为敏感的城市建成区边缘地带。这些区域零散分布于主城区、贾汪区和铜山区内,对城市 GI 空间割裂明显,同时这些沉陷区也使得城市向西北和东北方向的发展受困,迫使城市不得不向东南方向拓展。

2.3 城市 GI 功能特征分析

黄淮东部地区的采煤沉陷区既是城市发展的桎梏,也可以成为 GI 优化重构的契机。由于人类生产生活干扰的减弱,采煤沉陷区内,特别是积水区由于长期处于废弃闲置而进入生态自我恢复的状态,并逐渐形成了许多具有较高生态韧性的生境热点。这些区域为受到人类活动干扰威胁的物种提供了新的栖息空间(图 2-16),同时这些区域形成的生态湿地可以作为 GI 的核心区或节点,与城市中的其他 GI 要素相连形成网络,在一定程度上可以起到控制城市无序扩张的作用。因此,黄淮东部地区的采煤沉陷区也是城市 GI 重构的重要资源。这些土地资源在修复为林湿地、林地、草地后将有利于维持生物多样性,促进生态演替,也为完善城市 GI 网络提供了可能性。

图 2-16 徐州采煤沉陷区自然演替下的植被生长

经过自然或人工修复后的采煤沉陷区能够提供多样化的生态系统服务。生态系统服务包含了自然提供的各种物质产品和服务[136],不仅包括近自然的栖息地、城市生态系统,也包括棕地和采煤沉陷区。生态系统服务可划分为供给服务、调节服务、支持服务和文化服务四大类[137-138]。采煤沉陷区在修复为不同类型的用地后也将发挥不同种类的生态系统服务(见表 2-2),通过对采煤沉陷区生态系统服务的梳理将有助于了解其范围内 GI 的生态功能潜力,因地制宜地设定修复目标,实现生态系统服务功能的最优。

表 2-2　采煤沉陷区生态修复后的生态系统服务水平变化

修复目标	自然保护区	郊野公园	农业复垦
供给服务			
提供农副产品	—	—	⇧
可再生能源生产	—	—	⇧
支持服务			
生物多样性保护	⇧	⇧	⇩
生境质量维护	⇧	—	⇩
景观连通性保持	⇧	⇧	—
调节服务			
局部气候调节	⇧	⇧	
固碳	⇧	⇧	
雨洪管理	⇧	—	
文化服务			
游憩娱乐	—	⇧	
景观遗产	—	⇧	

注释："⇧"表示经过生态修复后,相应生态系统服务水平得到提升;"⇩"表示经过生态修复后,相应生态系统服务水平下降;"—"表示生态修复与相应生态系统服务水平无明显关联。

2.3.1　供给服务

将采煤沉陷区恢复为农林用地是最常见的修复模式,特别是对于人地矛盾日益突出的中国,农业是采煤沉陷区复垦的主要目标。根据《土地复垦条例实施办法》(2019 修正):"复垦土地应该优先用于农业,生产建设活动不占或少占耕地"。以农林为目的的复垦直接实现了 GI 的供给服务功能,这些功能为人类提供了生产生活必需的水源、食物和木材等资源,使得"废弃"状态下的采煤沉陷区直接创造了经济和社会价值(图 2-17)。不仅在中国,西方发达国家同样也把采后矿区的农林复垦作为首要的修复目标。早在 1918 年,美国就开始了对印第安纳州的煤矿采矿区进行农林复垦。根据《复垦法》的要求,美国矿区的复垦率需要达到 100%,目前已经达到 85% 左右。在德国,复合型土地复垦模式被应用于萨克森州 Lusatia 和 Leibzig 都市带外围矿区,近九成的采后矿区实现了农林、休闲、物种保护和景观功能的融合。可再生能源基地也是国外采煤沉陷区土地利用的新模式和新趋势,包括风能、太阳能以及生物能基地。德国在《能源结构转型发展战略》中提到,从 2011 年始至 2050 年,可再生能源,如太阳能、风能和生物质能逐步取代化石能源,建立在采煤沉陷区之上的新能源景观将是生物能的重要来源。

图 2-17 修复后的采煤沉陷区可以提供多种供给服务

农林用地也是黄淮东部地区采煤沉陷区复垦的主要方式。在徐州市,采煤沉陷区主要分布于铜山区和鼓楼区。早在 20 世纪 80 年代,铜山县(现已改为铜山区)就已建立起了全国首批的三个采煤塌陷地农业综合复垦国家级示范项目,至 90 年代末全县采煤沉陷区土地复垦率已达 80%。截至 2016 年末,徐州全市已复垦农田 11 万亩(1 亩≈666.7 m²),其中农田 8 万亩,养殖鱼塘 7.6 万亩。根据《徐州市生态修复专项规划》(2019—2021)的要求,未来三年将完成13.3万亩高标准农田建设。

2.3.2 支持服务

支持服务是生态系统的基础性服务,是生态系统提供供给、调节和文化服务的前提。采煤沉陷区的支持服务主要以其本身的自我演替和人工辅助恢复为主,恢复后将作为区域物种的栖息地或自然保护区,将采煤沉陷区恢复为采矿活动影响前的自然生态状态。在欧美国家,基于自然的解决方案理念被广泛应用于采煤沉陷区的生态修复中,其强调通过取灵感于自然或支撑于自然,使用或模仿自然过程以解决各类采煤沉陷区中的人地矛盾。长期性、多学科交叉,以及多目标性是基于自然解决方案的基本特征。由于我国人地矛盾突出,以经济和社会发展为导向的发展模式仍贯彻于生产生活中的方方面面,因此单纯以支持服务为导向的采煤沉陷区恢复模式仍不是国内的主流。

由国外学者提出的以建立自然保护区为目标的生态修复模式要比农林复垦具有更高的生态效益和经济效益。大部分的采煤沉陷区复垦成本来自土方运输与土地平整,但以自然保护区为目标的恢复不需要平整的土地。相反,粗糙、不均匀及多石的地表更有利于物种栖息,同时也有利于水土保持和减少土壤侵蚀。在德国东部的 Gebiet Lakoma 矿区,州政府在采煤沉陷区附近建立起了与 Gebiet Lakoma 矿区同样规模的自然保护区以补偿煤炭开采带来的景观变迁;在德国东南部的 Altenburg 矿区,采矿活动结束后有45％的采煤沉陷区被修复为自然保护区并纳入萨克森国家自然公园中(图2-18)。

图 2-18　被修复为自然保护区的 Altenburg 露天矿区

2.3.3　调节服务

采煤沉陷区在生态修复后可以提供多种的调节服务,如调节区域温度、净化空气、增加土壤肥力、净化水源、抵御极端气候等。特别是对于黄淮东部地区的煤炭资源型城市,由于很多城市常年受到黄河、海河、淮河水位上涨的风险,将采煤沉陷区修复为具有调峰蓄洪功能的绿色和蓝色空间是一种适宜的生态修复模式。

如图 2-19 所示,一方面,修复后的采煤沉陷区将有效提高区域的蓄水能力,塌陷区景观破碎化的降低也有助于提高湿地斑块之间的水体交换能力。蓄水能力和交换能力的提升将直接优化生态系统服务中的温度调节和水源净化能力,同时也有助于提高水产农业和养殖业的质量,间接提升供给服务中的食物供给能力。另一方面,生态修复后水生植物数量和种类的增加能够减缓污染物的扩散过程,同时水生植物根系的增加也能够提高沉积物的稳定性,防止污染物在更大的区域扩散,进一步提高了水质净化的能力。

图 2-19　采煤沉陷区的水源涵养功能

　　有学者对徐州市贾汪矿区复垦后的生态系统服务测算发现,水域和林地面积的增加是采煤沉陷区生态系统服务提高的最主要的原因,而雨洪调节功能则是服务水平最高的子功能[139];也有学者在对淮南谢桥矿的生态系统服务研究后发现,矿区的生态系统服务总价值从 1980 年的 1 735 万元增加到 2015 年的 5 313 万元,其中,水域生态系统的服务价值从 1980 年的 201 万元增加到 2015 年的 4 561 万元,占到了生态系统服务总价值的 85% 以上[140]。因此,以雨洪调节功能为主要导向的采煤沉陷区修复模式在黄淮东部地区具有较好的"投入－产出"效率。

2.3.4　文化服务

　　黄淮东部地区是我国城市化水平较高、工业基础较好的地区。随着城市化进程的不断加快,原本位于城乡接合地带的煤矿也渐渐从市域被纳入市区范围。采煤沉陷区也常被开发为湿地公园、农家乐、垂钓中心,以及主题公园等。随着私家车的普及,这些区域也承担了城市 GI 中的文化服务功能,为市民提供了新型休闲游憩空间(图 2-20)。

　　黄淮东部地区的煤炭资源型城市已建成了一系列以湿地为核心的城市郊野公园,如徐州市的潘安湖、九里湖湿地公园,淮北市的中湖公园、南湖湿地公园,以及淮南的大通湿地公园等。随着我国经济发展水平的逐步提高,人们也越来越注重生活品质和精神层面的需求,这些湿地公园成为市民度

图 2-20 潘安湖湿地公园景观与游客

假观光和休闲游憩的新选择。在徐州的潘安湖国家湿地公园,生态效益也为城市带来了显著的经济效益和社会效益。周边各村依托潘安湖湿地公园,形成了花卉苗木种植、农业观光采摘、农家乐旅游、旅游服务业发展等一村一品的产业结构。在潘安湖湿地公园项目的带动下,乡村农家乐旅游项目蓬勃发展。依托潘安湖湿地公园的潘安新城正在从规划走向现实。潘安湖科教创新区、恒大潘安湖生态小镇、乡村振兴示范点马庄村、权台煤矿遗址创意产业园等作为新城的主要板块已经在落地建设之中。

2.4 城市 GI 规划特征分析

徐州是黄淮东部地区重要的煤炭资源型城市之一,也是江苏省唯一的能源基地。但随着资源的开采,煤炭资源日益枯竭,能源资源消耗型产业结构导致环境污染问题十分突出,同时大量采煤塌陷地亟待治理。这既影响了徐州的城市形象,又严重制约了徐州社会经济的可持续发展。2007 年,国务院出台了促进煤炭资源型城市转型的意见,表明了国家对老工业基地复兴的支持与关注。

作为典型的煤炭资源型城市,城市中大量的采煤沉陷区已经对城市的生产和生活产生了诸多不良影响,同时徐州都市区内的煤炭开采活动已全部停止,资源开采等经济活动与生态环境保护的博弈和权衡矛盾不再凸显,采煤沉陷区的生态修复和再利用成为迫切需要解决的问题。通过收集整理相关资料可知,目前徐州市已编制完成 GI 相关规划 10 余项,是黄淮东部地区煤炭资源型城市中 GI 相关规划最多的城市。因此,以徐州为研究对象进行 GI 规划的功能分析具有较高的实践意义和典型性,可以为黄淮东部地区的其他煤炭资源型城市提供参考和借鉴。

2.4.1 GI 规划的实施背景

1)高速的城市化进程与城市蔓延

20 世纪 80 年代,如同中国的其他城市一样,经济改革为城市带来了崭新的发展机遇,徐州在改革开放的浪潮推动下高速发展,城市随之也向东部和南部迅速扩张[1-2](见图 2-21)。

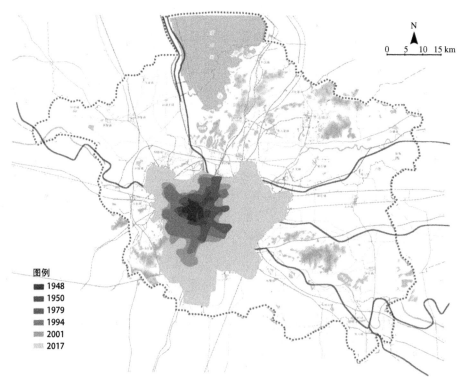

图 2-21　新中国成立至今的徐州城市蔓延

在近 30 年间(1987—2017 年),徐州市城市化进程加快,城市建设用地与水域面积增长迅速。建设用地从 311.06 km² 增加到 1 073.71 km²,增加了 2.45 倍,水体增加了 68 km²。建设用地的增加无疑源于城镇化进程的推进。水体的增加主要源于东北贾汪和西北铜山的煤矿区内采空区和塌陷地的增加。减少的土地利用类型为耕地、林地和草地,分别减少了 286 km²、174 km²、71 km²。目前,徐州市的建设用地规模指标已经远超 2013 年版的《徐州市城市总体规划(2007—2020)》中的设定水平(图 2-22)。此外,城市整体向东部和东南部扩张明显,贾汪区和铜山区的用地规模也已超出城市总体规划的要求。

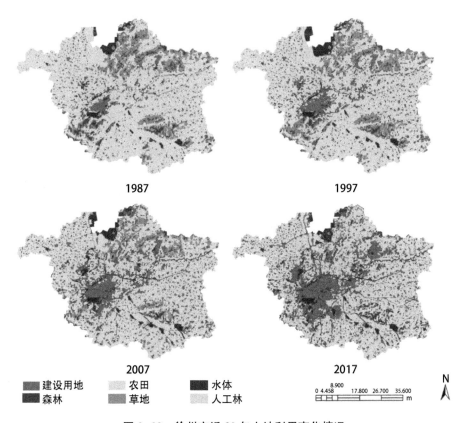

图 2-22 徐州市近 30 年土地利用变化情况

2)大量采煤沉陷区亟待治理

百年的煤炭开采在给徐州带来可观经济效益的同时,也给城市全面发展带来了诸多问题。采矿活动造成的大量土地塌陷不仅直接干扰破坏了各种生产活动和人居环境,也对城市生态环境造成不良影响[2]。根据《徐州市生态修复专项规划(2019—2021)》,徐州全市累计形成采煤塌陷地 28 220 hm²,占全市面积的 2.64%,其中基本稳沉沉陷面积 15 580 hm²,因沉陷形成水面 9 667 hm²,已整治完成 16 674 hm²,尚有 11 564 hm² 采煤塌陷地亟待治理,绝大部分责任主体已灭失,治理面积大,治理任务艰巨。

徐州都市区绝大多数的采煤沉陷区位于生态-社会敏感的建成区边缘,其中贾汪区和铜山区的采煤塌陷地分别占总沉陷面积的 34.83% 和 32.35%,数量庞大。从采煤塌陷地的空间格局来看,位于主城区片区、铜山片区、贾汪片区的采煤塌陷地对城市生态空间的割裂明显,同时也破坏了城市的生态空间,侵占城市外围的生态用地。采煤塌陷地的分布使得城市向西北和东北方向的发展受困,迫使城市不得不向东南方向拓展,这对城市健康可持续发展造成了极大的困扰(图 2-23)。徐州都市区采煤塌陷区主要分布于铜山区、鼓楼区、贾汪和徐州经济开发区。经实地踏勘、资料收集和整理分析,徐州都市区范围内目前仍有 51.90% 的采煤塌陷地未治理。预测未来 4 年,将新增采煤沉陷区 800 hm²,7 万人将受影响。

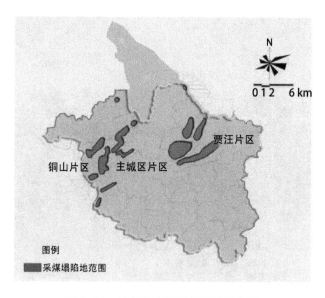

图 2-23 徐州都市区采煤塌陷地范围

3)煤炭资源的枯竭与城市发展定位的转变

新中国成立后,徐州作为重要的煤炭基地和交通枢纽,城市的工业发展得到了国家的大力支持,逐步形成了以煤炭、钢铁、电石、工程机械等重工业为主的工业体系。同时采掘业亦发展迅猛,到 1970 年,矿区已从徐州市东北部延伸到城市的西北区域。根据 1979 年版的《徐州市总体规划》的界定,城市的定位为:以煤炭、电力为主的工业和交通枢纽以及地区性商业中心城市。

进入 20 世纪末,煤炭资源日益枯竭,大量矿井陆续关闭。同时,制造业、商业和服务业的迅速发展也对徐州传统工业体系不断造成冲击。作为江苏省唯一的能源基地,鼎盛时期,徐州重工业产值占到全江苏省的四分之一。但在新的时代背景和改革开放浪潮的冲击下,"重工业过重,轻工业过轻"的产业结构以及严重的工业污染和生态破坏使得城市转型成为必经之路。早在"十五"期间,江苏就已意识到徐州的煤炭资源枯竭,经过精心调研后,仿效中央对东北老工业基地的政策,开始扶持徐州的发展。在退出传统类过剩产能的同时,要把新兴制造业、旅游业、服务业和新能源产业逐步发展成为经济的新支柱。依托徐州深厚的历史文化资源和生态本底,在 2007 年版的《徐州市城市总体规划》中将徐州市城市性质界定为:全国重要的综合性交通枢纽、区域中心城市、国家历史文化名城及生态旅游城市。城市发展,规划先行。徐州市新的城市定位和发展方向,也为后期 GI 相关规划的编制和实施提供了政策保障和编制的契机。

2.4.2　GI 规划现状梳理

由于 GI 这一概念相对较新,且在国家层面尚未出台 GI 规划的指导性文件,目前我国绝大多数的地市尚未编制以 GI 为关键词的专项规划。但不可否认的是,城市中编制并实施的绿色/蓝色空间保护规划、生物多样性保护规划、清风廊道规划等都或多或少地实现了城市 GI 的构建需求和规划目标。

在城市转型的背景下,为了解决高速城市化对城市生态环境的影响,徐州市编制并实施了一系列规划以满足城市发展对 GI 功能的需求,规划的类型和内容详见表 2-3。

表 2-3　徐州市 GI 相关规划汇总

规划类型	规划名称	规划范围	实施年份	编制单位
绿色空间维持保护	《徐州市城市绿地系统规划》	市域	2005—2020	中国城市规划设计研究院
	《徐州都市区规划》	都市区	2016—2030	江苏省城市规划设计研究院
	《徐州市重要生态功能保护区规划》	市域	2011—2020	徐州市人民政府

规划类型	规划名称	规划范围	实施年份	编制单位
蓝色空间维持保护	《徐州市湿地资源保护规划》	市域	2011—2020	徐州市环境保护局
生物多样性保护	《徐州市城市生物多样性保护规划》	市域	2011—2020	江苏师范大学
大气质量与热岛效应控制	《徐州市清风廊道规划》	市域	2017—	徐州市规划局
采煤沉陷区的生态修复和整理	《徐州市采煤塌陷地生态修复规划》	都市区	2009—	中国矿业大学
	《徐州市工矿废弃地复垦利用专项规划》	市域	2017—2020	中国矿业大学
	《潘安湖采煤塌陷地生态修复规划体系》	贾汪区	2008—	徐州市人民政府、贾汪区人民政府、南京大学、中国矿业大学、南京师范大学、江苏省森林资源监测中心、徐州市规划设计研究院、杭州市规划设计研究院

2.4.3　GI 规划的生态系统服务评价

1）评价方法

根据 1.3.1 中对 GI 的概念解读可知，GI 本质上是一种提供各类生态系统服务的战略性生态网络。城市 GI 规划的终极目标在于如何实现生态系统服务功能的最大化[141]。因此，分析不同 GI 规划中所涵盖的生态系统服务规划种类可以从侧面反映出该规划在实现 GI 规划目标过程中的强度和水平，进而分析得到 GI 相关规划的功能特征，为后期 GI 规划的完善提供依据。

基于上述背景，研究以生态系统和生物多样性经济学组织（TEEB）提出的生态系统服务指标体系为框架，从供给服务、调节服务、生境服务和文化服务四大类服务中分别选取对应子指标[142]。将收集整理的徐州市 GI 相关规划中有关生态系统服务的规划内容进行文字挖掘，并将其嵌套到 TEEB 生态系统服务评价指标体系中，以此获得不同 GI 规划在生态系统服务因子上的表现。

2）数据处理

由于徐州市尚未编制 GI 专项规划,研究基于 2.3 节中对徐州市 GI 相关规划的梳理,从绿色空间维持保护、蓝色空间维持保护、生物多样性保护、大气质量与热岛效应控制,以及采煤沉陷区的生态修复和整理五大方面,共计 9 个规划项目进行评价。这些规划项目囊括了 GI 规划的面向要素和生态系统服务规划目标,具有代表性和典型性。需要说明的是"采煤沉陷区的生态修复和整理"规划中的《潘安湖采煤塌陷地生态修复规划体系》是一系列规划的合集,涵盖了面向潘安湖湿地的土地复垦、景观开发、环境监测、生态修复四阶段共 9 个子规划。为了方便与其他 GI 相关规划进行同级比较,这里将潘安湖采煤塌陷地的 9 个子规划进行合并分析。

在完成对规划文本的收集后,使用生态系统和生物多样性经济学组织(TEEB)对规划文本进行内容分析,通过文字挖掘的方式来确认某一规划已关注了哪些具体的生态系统服务。当某一项具体的生态系统服务指标出现在规划文本中时,该规划对应的生态系统服务指标计为 1 分,否则为 0 分。为了进一步表征不同规划的生态系统服务功能特征和生态系统服务在徐州市相关规划中的重要性,研究分别从 GI 规划生态系统服务综合得分(某一规划所涉及的生态系统服务指标占所有指标的比重)和规划生态系统服务指标覆盖率(某个生态系统服务指标在不同规划中出现的比重)两方面对各个因子进行评价和分析。最终得到 GI 相关规划的生态系统服务功能表现(表 2-4)。

3）分析结果

从 GI 规划大类上来看,绿色空间维持保护类 GI 规划的生态系统服务分类综合得分为 0.48,采煤沉陷区的生态修复和整理类规划紧随其后,为 0.45。说明二者在理论上实现了 GI 方法体系所要求的近半数的规划目标。这主要是由于绿色空间维持保护类 GI 规划和采煤沉陷区的生态修复和整理类规划的综合性较强,编制的专项规划较多,需要考虑到生态系统服务的多种类型。特别是后者中的《潘安湖采煤塌陷地生态修复规划体系》覆盖了土地复垦、生态修复、环境监测、景观开发的一系列规划整治手段,并取得了良好的综合效益。但需要强调的是,作为生态系统服务种类覆盖最全的两类规划,二者对于所有指标的覆盖率仍不足五成,说明徐州市 GI 相关规划对于生态系统服务功能的完整性仍考虑不足。蓝色空间维持保护、生物多样性保护、大气质量与热岛效应控制类规划的分值相对较低,在 0.30～0.40

表 2-4　徐州市 GI 相关规划的生态系统服务评价结果

GI规划类别	绿色空间维持保护			蓝色空间维持保护	生物多样性保护	大气质量与热岛效应抑制	采煤沉陷区的生态修复和整理			生态系统服务指标覆盖率
生态系统服务类型	《徐州市城市绿地系统规划》	《徐州都市区规划》	《徐州重要生态功能区规划》	《徐州市湿地资源保护规划》	《徐州市城市生物多样性保护规划》	《徐州市清风廊道规划》	《徐州矿区塌陷地生态修复规划》	《徐州市工矿废弃地复垦利用专项规划》	《潘安湖采煤塌陷地生态修复规划体系》	
供给服务										0.35
食物供给		●		●	●	●		●		0.78
水资源供给	●	●	●	●	●					0.44
原料供给			●							0.22
基因资源供给	●			●						0.22
药材资源供给					●					0.11
观赏资源供给	●			●					●	0.33
调节服务										0.65
空气质量调控		●				●	●	●	●	0.56
气候调节						●				0.11
自然灾害控制	●	●	●			●		●	●	0.56
雨洪调节	●	●	●	●				●	●	0.44
废弃物处理							●	●	●	0.78
侵蚀调节								●		0.1

（续表）

GI规划类别 生态系统服务类型	绿色空间维持保护《徐州市城市绿地系统规划》	《徐州都市区规划》	《徐州重要生态功能区规划》	蓝色空间维持保护《徐州市湿地资源保护规划》	生物多样性保护《徐州市城市生物多样性保护规划》	大气质量与热岛效应控制《徐州市清风廊道规划》	采煤沉陷区的生态修复和整理《徐州矿区塌陷地生态修复规划》	《徐州市工矿废弃地复垦利用专项规划》	《潘安湖采煤塌陷地生态修复规划体系》	生态系统服务指标覆盖率
土壤肥力维持	●		●						●	0.56
传粉授粉									●	0.11
生物防治	●					●			●	0.56
生境服务	●	●			●				●	0.67
基因多样性			●		●			●	●	0.67
文化服务							●	●	●	0.47
美学欣赏	●	●		●			●			0.44
休闲游憩	●	●	●	●			●	●	●	0.78
文化艺术设计灵感		●	●	●			●			0.56
精神体验									●	0.11
生态系统服务得分	0.50	0.50	0.45	0.40	0.30	0.35	0.30	0.40	0.65	—
生态系统服务综合得分	0.48			0.40	0.30	0.35		0.45		—

注释："●"表示横列的某一项生态系统服务指标可以在纵列的具体规划中得以体现。该生态系统服务指标既可以作为规划文本中描述或叙述的一部分，也可以更明确地将其视为规划的实施政策或实现预期目标。

之间。这主要是由于三类规划面向的 GI 要素相对较窄，规划的针对性和专业性也较强。从单项规划来看，《潘安湖采煤塌陷地生态修复规划体系》得分最高，《徐州市城市绿地系统规划》和《徐州都市区规划》紧随其后。其他单类规划的得分较为平均，分布于 0.30～0.45 之间。

从生态系统服务评价因子的覆盖水平来看，生境服务大类的覆盖水平达到了 0.67，说明徐州市绝大多数的 GI 规划都将基因多样性的维持保护作为规划的基本内容(图 2-24)。位列第二的是调节服务，虽然该类的生态系统服务指标因子数量最多，但相关规划对调节服务因子的覆盖水平达到了 0.65，其中废弃物处理、自然灾害防治、空气质量调控、生物防治是各规划的关注重点。位列第三的是文化服务，该类型的生态系统服务的因子覆盖率为 0.47。休闲游憩功能是文化服务的主要功能。供给服务的因子覆盖率仅占到 0.35，这说明 GI 的供给服务已不是城市 GI 规划的主要需求。以自然灾害防治、空气质量调控、废弃物处理的调节服务和以休闲游憩为主的文化服务是徐州市未来 GI 规划面向的主要内容。

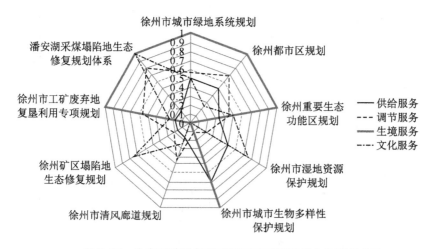

图 2-24　生态系统服务评价因子在不同规划中的覆盖水平

4）GI 规划特征总结

（1）城市缺乏 GI 专项规划支持

尽管 GI 的效益是多方面的，但徐州尚未出台 GI 专项规划。这主要是由于 GI 仍是一个相对较新的概念，且我国尚未出台 GI 顶层设计和系统性指导。虽然徐州市出台了一系列 GI 相关规划来应对城市蓝/绿空间维持保护、生物多样性保护、采煤沉陷区修复等问题，但由于这些规划在实施层级、责任主体、资金投入等方面的差异,极易出现同一层级的不同规划在处理同一问题上存在标准不一甚至相互矛盾的问题,大大降低了规划的实施效率和实施质量。为解决这一问题,应从国家层面出台相关战略性文件以指导地方 GI 专项规划的编制和实施。

(2) GI 相关规划仍以非法定规划为主导

通过对徐州市 GI 相关规划的分析可知,除《徐州市城市绿地系统规划》外,其他规划皆处于非法定规划层面。作为城乡规划的专项规划,城市绿地系统规划立足于城市整体发展的、宏观的、长期的时空范围,对各类绿地的规划设计具有直接的控制或引导作用。其面向城市绿地系统,主要功能仍是以宏观控制和指标配建为主,以保护和限制城市开发为规划手段,缺乏对城市 GI 要素功能和 GI 构建需求的整体把控。虽然其他诸如生物多样性保护规划、湿地资源规划、重要生态功能区规划等能很好地弥补绿地系统规划在功能布局上的不足,但非法定规划的定位使其在落实的过程中很难实现规划的既定目标,在"生态优先"与"经济发展"的权衡博弈中前者往往处于下风。

(3) 生态系统服务方法的规划应用水平较低

生态系统服务水平是 GI 规划成果定量、客观的表达方式。随着地理信息技术科学的不断完善,基于 GIS 技术的生态系统服务的监测、模拟、制图、评价等可以为城市 GI 网络的规划提供高效、科学化的支持。但由于生态系统服务的研究和城市规划的研究处于不同的学科体系,二者交叉研究的时间有限,且生态系统服务理论体系对研究尺度、数据量、数据精度、运算流程等要求较高,这就容易致使现阶段城市规划师仍会多以自己的实践经验为主导进行规划编制。以徐州市的 GI 相关规划为例,规划成果仍是以点(或核心)、线(或廊道)为主要表现形式,但缺乏说明和科学依据。面对日益复杂的城市生态系统,盲目主观的空间塑造方式不仅造成了生态资源效能的冗余和浪费,更会造成城市未来可持续发展的长久桎梏。

(4) GI 相关规划受上位规划约束较强

我国的空间规划体系实行严格的自上而下的管制模式,同样,城市的 GI 规划同样受制于上位规划的约束和限制。徐州市的 GI 相关规划在网络结构的确定上一般是基于上位规划中确定的核心、斑块或廊道构建规划体系,对因城市发展造成的生境破碎通过蓝色和绿色空间进行重新连接,这就容易致使 GI 规划在要素选择和布局上易呈现出零散、破碎化的空间结构,与GI 所强调的整体性背道而驰。这种以保护为基本准则构建的生态网络体系虽然能对城市中的重要景观核心的生物多样性以及景观资源做出较大贡献,但却难以协调 GI 网络的动态性与不同生态系统服务功能的协同。在徐州市 GI 相关规划中,吕梁山风景区和大洞山风景名胜区是徐州市的两大生态核心斑块,它们在实现生物多样性保护和生境质量维持方面的作用巨大,但由于其距离主城区较远,在发挥休闲游憩等文化服务功能方面很难达到规划中的既定目标。

2.5　城市 GI 发展的机遇与挑战

2.5.1　机遇

1) 采煤沉陷区具有独特的生态潜力

虽然采煤活动给煤炭资源型城市的生态环境带来了一系列的桎梏,并产生了大量的采煤沉陷区,但是从另一层面来看,采煤沉陷区也是拥有一定的生态潜力的。由于黄淮东部地区特殊的气候和地质环境,加之长期以来采煤沉陷区未被干扰的自我生态修复,使得许多采煤沉陷区形成了新的具有较高生态价值的核心区域,为野生动植物提供了生存空间[143]。煤炭资源型城市因采矿业的发展而形成的塌陷积水区,矸石山,废弃的工业设施、厂房建筑等矿区工业废弃地,是城市生态修复的关键点,也是城市 GI 规划构建的重要潜在资源[144]。特别是对于采煤沉陷形成的水域,它们可以作为城市 GI 的结构要素,重新纳入 GI 系统中,在一定程度上可以提供可观的生态系统服务供给。同时,采煤沉陷区为城市空间扩展提供了"缓冲"空间并起到控制城市蔓延的作用,为完善城市 GI 网络提供了可能性。黄淮东部地区的采煤沉陷区如同一把双刃剑,在给城市的生态环境带来桎梏的同时又蕴藏着巨大的生态潜力。特别是对后矿业时代的煤炭资源型城市来说,如何激发采煤沉陷区的生态潜力,化劣势为优势是未来一段时期生态建设的重点。

2) 煤炭资源型城市生态修复和转型的政策支持

合理保护和规划城市 GI 是实现煤炭资源型城市可持续发展的重要举措,是建设美丽中国的重要方面,也是新时期实现人民对美好生活向往的基本诉求。在此背景下,国家近年来出台了一系列政策和措施以支持煤炭资源型城市的转型和绿色发展。2017 年 12 月,习近平总书记考察徐州贾汪潘安湖国家湿地公园时强调,要打造绿水青山,并把绿水青山变成金山银山,强调"资源枯竭地区转型发展是一篇大文章,实践证明这篇文章完全可以做好"。习近平总书记在 2018 年全国生态环境保护大会中也明确强调要深刻把握山水林田湖草的生命共同体思想,像对待生命一样对待生态环境,还自然以宁静、和谐、美丽。2020 年,中央全面深化改革委员会会议审议通过《全国重要生态系统保护和修复重大工程总体规划(2021—2035 年)》,强调要在把握自然演替规律和机理的前提下,着力提升生态系统的韧性和稳定性,全面提高生态系统的产品供给能力和服务供给水平。借力于近年来国家的大力政策支持,通过合理布局和保护 GI 以获取较高的空间资源配置效率,对促进煤炭资源型城市经济、社会与生态环境协调发展十分必要。

3) 国土空间规划布局的重大机遇

当前我国正处在国土空间规划体系深化改革的关键时期,如何把山水林田湖草生命共同体思想贯彻实施于国土空间的开发保护中将会是未来一段时期内国土空间规划体系建设的重要议题。在 2018 年 3 月的国务院机构改革方案中,国家决定成立自然资源部来监督制定和实施全新的国土空间规划体系,这无疑为推进我国 GI 规划体系建设创造了千载难逢的契机。虽然全新的国土空间规划体系实施细则尚未出台,但"生态优先"和"多规合一"已被确定为基本原则。这将有望从根本上解决原先空间规划体系中多规功能重叠、条块分割、部门权力争夺、规划间缺乏整合等问题。GI 规划作为协调自然和人类社会发展的工具,在推进城市双修、实现可持续化转型发展的过程中必将发挥重要作用。

2.5.2　挑战

1) 采煤沉陷区的土地权属复杂混乱

厘清土地权属是进行规划落实的重要前提。然而采煤沉陷区在土地权属方面具有非常大的复杂性。失地农民、地方政府以及矿企代表着不同的利益诉求主体,其相互之间形成了相互制约、利益交织的特殊局面。一方面,由于征用的农田和工业广场等有很大一部分是国有土地,其通过行政划拨、有偿出让、授权经营、作价出资等形式由企业获取土地使用权。但由于我国对采矿企业土地权属管理法规尚不完善,仍未出台采矿用地权退出的具体细则。另一方面,很多因煤炭开采而损毁的农田、建设用地、荒地等仍处于未稳沉状态,土地权属仍归集体所有。这些土地在处理整治和拆迁补偿的过程中往往涉及村民个人、村集体、村小组、政府等多方利益的博弈,此外在损毁土地开始整治复垦后,土地治理过程中的利益纠纷和治理后的土地权属问题也都会影响到村民的利益。因此,很多村民对于塌陷土地复垦往往带有抵触情绪。总之,采煤沉陷区复杂混乱的土地权属问题给 GI 的修复和规划带来了一定的困难。

2) 经济导向下的 GI 构建模式仍为主流

自改革开放以来,"发展就是硬道理"的政府发展模式在地方仍未彻底改变。GI 规划作为一种"先进"而"潮流"的城市建设模式成为很多县市打造城市形象、获取国家补贴和支持的"敲门砖"。由于我国的 GI 研究起步较晚,尚未出台国家层面的 GI 顶层设计指导文件,规划实践也大都以城市尺度下的概念性规划、地方尺度下的湿地公园设计,以及绿色化的市政工程项目为主,这就导致很多 GI 规划实际上是以"旗舰工程"的性质,在政府强有力的推动下得到快速高效的落实。但同时也存在一些问题,如有些人工湿地项目过于注重市政功能而忽视人文价值与参与性,部分快速落地的"面子工程"实际上是以调配其他地区的生态资源为代价的。这种急功近利式的"生态花瓶"规划与 GI 规划的初衷完全背道而驰。

3) GI 的规划思路方法有待更新

在现阶段,城市规划的实践理论方法与生态系统服务等景观生态学方法仍未得到较好的融合,GI 规划的结构层面和功能层面存在较大的脱节问题。在城市绿地系统规划和生态规划的过程中,仍有很多规划师倾向于依据自己的主观认知和经验进行规划方案的制定。在上位规划的框定下,规划师通过"点"和"线"来塑造匀称美观的规划表达方式,但这种依靠主观经验构筑的规划格局不仅会对方案实施造成困扰,也不利于对资源本底现状和潜力的挖掘,更有可能对城市未来发展造成难以弥补的消极后果。随着国土空间规划的全面展开,GIS 技术应用成为规划的基本工具。同样,其在 GI 规划构建的分析、计算、模拟、规范等方面都可以提供科学的技术支持。城市 GI 关乎着城市生态系统的稳定和民众绿色生活品质的提高,地理信息技术的融入将有助于提升城市绿地系统规划的客观性和科学性。

3 需求导向下的资源型城市 GI 构建方法

　　GI 和生态系统服务看似属于两个不同的研究领域,实则在结构和功能上扮演着因果关系:GI 的结构决定了生态系统服务的功能发挥,而对生态系统服务的不同诉求也可反之调整和优化 GI 的结构。随着 GI 和生态系统服务相关理论研究的逐渐深入和展开,二者之间的联系也越来越紧密,相关研究也不断涌现。本章基于城市生态系统服务的需求和 GI 构建的理论范式,阐述了需求导向下 GI 构建的尺度、目标、原则和构建技术路径,为研究提供一个明晰的研究框架。

3.1　城市 GI 构建的生态系统服务需求分析

　　GI 与生态系统服务是两个不可分割的概念,二者之间扮演着结构和功能的因果关系。GI 的数量、规模、尺度和结构决定了生态系统服务功能的发挥水平,而生态系统服务也表征了 GI 的结构特征和质量。生态系统服务通过 GI 规划落实到现实当中,并且通过 GI 发挥其功能,而 GI 构建的目的在于如何实现生态系统服务的优化与功能最大化[141]。另外,生态系统服务也为 GI 提供了一种可供计量和图示化的表达方式。因此,厘清生态系统服务的分类与特征对于科学定量化地分析 GI 的构建需求和功能至关重要。

3.1.1　GI 的生态系统服务类别

　　自 1997 年生态系统服务的概念被明确提出以来,相关学者从不同角度出发提出了不同类型的生态系统服务分类方法。最早由美国生态经济学家罗伯特·科斯坦萨和格雷琴·戴莉同年提出此概念,虽然角度不同,具体分类略有差异,但二人都将生态系统服务分为了 17 种类型。

　　目前国内外对于生态系统服务分类主要包括三种:千年生态系统评估分类(Millennium Ecosystem Assessment,MEA)、生态系统服务和生物多样性经济学分类(The Economics of Ecosystems and Biodiversity,

TEEB)和生态系统服务通用分类(The Common International Classification of Ecosystem Services, CICES)。三者彼此关联但又互有区分,它们都包含了供给服务、调节服务和文化服务三种大类,但各个具体指标体系有各自的特点。

1) 千年生态系统评估分类(MEA)

千年生态系统服务评估项目始于 2000 年,成果完成于 2005 年,是由世界卫生组织发起,联合国、世界银行等国际组织联合开展的生态系统服务评估项目。该项目首次在世界层面对生态系统服务进行了多层级的综合分析,并完成了评估框架体系构建,为后来的生态系统服务研究提供了基本范式。MEA 将生态系统服务分为四大类,包括供给服务、支持服务、调节服务和文化服务。

MEA 是人类首次在全球尺度上对生态系统及其对人类福祉影响进行多层级多尺度评价。在该体系中,供给服务主要包括农产品、水源、原材料、生物化学物质、装饰资源等类型;调节服务涵盖大气调节、水质净化和水处理、水调节、气候调节等类型;支持服务包括土壤形成和保持、传粉授粉、病害虫控制、疾病控制、初级生产等类型;文化服务则包括了精神与宗教、美学、文化遗产、自然风景等方面。

2) 生态系统服务和生物多样性经济学分类(TEEB)

生态系统和生物多样性经济学组织是一个致力于"让自然的价值可视化"的全球非政府组织。其主要目标是将生物多样性和生态系统服务的价值纳入各级决策的主流。它的目的是通过采用一种结构化的评估方法来实现这一目标,这种评估方法帮助决策者认识到生态系统和生物多样性所带来的广泛利益,以经济的方式展示它们的价值,并在适当的情况下在决策中体现这些价值。TEEB 将生态系统服务划分为四大类,涵盖了供给、调节、生境、文化服务下的 22 个子指标。

与 MEA 分类相比,TEEB 分类缺少了支持服务类型。在该体系当中,支持服务被看作是生态系统服务的中间过程,不进行单独分类,而把生境服务作为单独的服务大类,以凸显生态系统中物种栖息地以及多样性的重要程度。TEEB 的分类体系已被广泛应用于欧盟生态系统服务的研究和实践中。

3) 生态系统服务通用分类(CICES)

CICES 是基于 MEA 和 TEEB 分类制定的。CICES 的最新版本(CICES V5.1)发布于 2017 年。不同于 MEA 和 TEEB 分类方式,在 CICES

分类体系中生态系统服务是由生物质和非生物质共同提供的。如矿产资源和风能资源被归为非生物质生态系统服务供给。同时,生物质和景观能源也被添加到指标体系当中。CICES 分类体系由 4 个不同的分类层次构成,包括大类、部门、组类、类型,具有良好的延展性。CICES 可分为供给服务、调节和支持服务,以及文化服务三类。另外,每类服务又从生物质和非生物质两个层面进行了进一步的指标划分。为了更清晰地对比 MEA、TEEB 和 CICES 三者的异同,表 3-1 对三个分类体系进行了比较。

表 3-1　千年生态系统评估分类、生态系统服务和生物多样性经济学分类、
　　　　 生态系统服务通用分类的指标比较

服务类型	MEA 分类	TEEB 分类	CICES 5.1 分类
供给服务	农产品	农产品供给	生物质(陆生动物、陆生植物、水生动物、水生植物、人工饲养类动植物)
	水源	水资源供给	饮用水源、非饮用水源
			饮用地下水、非饮用地下水、能源型地下水
	原材料	原料供给	从植物、真菌、藻类、动物中提取的用于直接使用或加工的纤维和其他材料
	基因库	基因资源供给	动植物遗传物质
	生物化学物质	药材资源供给	从植物、真菌、藻类、动物中提取的用于直接使用或加工的纤维和其他材料
	装饰资源	观赏资源供给	来自动植物、用于直接使用或加工的纤维和其他材料
			非生物质能源
			能源型矿物质
调节和支持服务	大气调节	空气净化	空气流动调节
	水质净化和水处理	废弃物处理	非生物过程的废弃物、有害物处理
	水调节	水体侵蚀调节	水文循环和水流调节
	气候调节	局部气候调节	大气和海洋化学成分调节
			温湿度调节
			生物过程对海水化学条件的调节
	土壤形成和保持	土壤肥力维持	土壤分解和固结过程

（续表）

服务类型	MEA 分类	TEEB 分类	CICES 5.1 分类
调节和支持服务	传粉授粉	传粉授粉	传粉、授粉、种子传播
	病害虫控制	生物防治	疾病、入侵物种控制
	疾病控制		
	初级生产	生境维持	生命系统的选择价值和遗传价值
			土壤质量管控
			种群维持
		基因多样性	基因维持
文化服务	精神与宗教	精神体验	象征意义和宗教意义
	美学	美学欣赏	审美体验
	文化遗产	文化艺术启发	文化和遗产共鸣
	自然风景	休闲游憩	身体或者实验性的交互作用
	自然教育和认知	启迪和认知提升	与自然的沉浸式交互
			其他类型的文化服务

3.1.2 城市 GI 构建的生态系统服务需求指标

结合上文中所提到的三种生态系统服务分类方式和城市生态特征，本研究将城市 GI 构建后所提供的生态系统服务划分为支持服务、调节服务和文化服务三大类，并给出了相应的一二级指标和指标计算参考方法，如表3-2 所示。

表 3-2　城市 GI 所提供的生态系统服务类型和测算方式

生态系统服务类别	一级指标	测算指标	数据来源	研究案例
支持服务	生物多样性保护	生境连通性	遥感解译	Syrbe 等(2013)[28]
		生境质量	遥感解译	Hu TT 等(2018)[119]
	环境固碳能力	植被固碳	乔木覆盖解译	Radford 等(2013)[38]
		土壤固碳	实地调查与土壤数据库	Demuzere 等(2014)[32]
	植被释氧能力	由二氧化碳吸收能力推导	乔木覆盖解译	Escobedo 等(2011)[39]

（续表）

生态系统服务类别	一级指标	测算指标	数据来源	研究案例
调节服务	空气净化	植被面积/量	植被调查	Ng 等(2011)[37]
	热岛效应缓解	归一化植被指数(NDVI)	遥感解译	Byrne 等(2015)[50]
		地表比辐射率	土地利用解译	Madureira 等(2014)[27]
		植被降温潜在能力	遥感解译	Heckert 等(2016)[49]
	雨洪管理	降水地表径流深度	水文监测	Radford 等(2013)[38]
文化服务	绿地可达性	绿地可达性	土地利用数据,交通数据	Grunewald 等(2015)[26]
		绿地面积,人均绿地面积	土地利用数据	Meerow 等(2017)[5]
	景观质量	景观满意度	土地利用数据,问卷调查	Radford 等(2013)[38]
		水体质量与景观设计	土地利用解译	Lovell 等(2013)[48]
		游客步行及自行车道的长度	土地利用数据,交通数据	Lovell 等(2013)[48]
	美学欣赏	视野和景色	问卷调查	Radford 等(2013)[38]

前文中已经提到,在计算某一城市 GI 的供给服务时,需要考虑服务的能量流和最终目的地。在商品经济时代下,某一城市生产的农产品和原料多以全国甚至全球为目标市场,而城市本身的农产品和原材料供给受商品市场影响,也有很大比重来自其他地区[145]。因此在计算城市 GI 的农产品供给服务时需要根据具体情况具体讨论。由于城市 GI 的供给服务的供需关系较为复杂,与本研究的关注领域和范式不同,因此未将城市 GI 的供给服务考虑在内。

城市 GI 构建的支持服务需求主要通过环境固碳能力和生物多样性水平来体现。在支持服务下,环境固碳能力可以测度人类碳排放强度与自然固碳速率的关系,进而了解区域固碳释氧的热点区域并提出相应的保护提升手段[32,39]。生物多样性水平可以间接反映区域的生态质量和稳定性[28]。不同于自然或半自然区域,人类活动对城市 GI 的干扰异常显著,城市的道路和各类用地的布局将直接影响到城市的生境质量和物种栖息地,因此在计算城市 GI 的生物多样性维持能力时必须要将栖息地抵御人类活动的能力考虑在内[40]。

城市 GI 构建的调节服务包括空气净化、热岛效应缓解和雨洪管理三种。这三种服务功能能够有效表征当前我国城市普遍面临的城市大气污染、城市高温和洪灾暴雨的侵袭。

城市 GI 所提供的文化服务包括绿地可达性、景观质量和美学欣赏三种。其中绿地可达性可通过绿地的布局、辐射水平,以及人口分布来综合测算,景观质量和美学欣赏主要通过访谈和调查问卷整理获得。

3.1.3 城市 GI 构建的生态系统服务需求特征

1) 不可替代性

就目前人类社会的发展阶段和水平来看,GI 所提供的生态系统服务是无法通过人类活动制造生产的,如土壤的形成、GI 的粮食和原材料供给、大气水文调节等功能。虽然目前生态系统服务可以通过价值量等方式进行测算,但其所发挥的实际功能并不能通过交易或交换的形式获取。

2) 多功能性

不同于以实现单一功能为目标的城市市政基础设施,GI 的功能是多样化持续性的,单一类型 GI 可以提供多种类型的生态系统服务,且这些服务的供给是可以相关协同的。一般来看,某一项生态系统服务水平的提升也会促进其他相关生态系统服务的发挥。

3) 供给持续性

与市政灰色基础设施不同,GI 是具有生命的有机系统,GI 的生态系统服务供给会随着 GI 体系的优化和完善而不断提升。而对于灰色基础设施而言,其所发挥的功能阈值是根据设计要求而定,例如给排水管网日最大给排水能力是固定不变的。另外,各种灰色基础设施只有在其完成建造后才能真正发挥各种服务效益(图 3-1)。

4) 供给的时空变化性

GI 的生态系统服务供给水平并不与 GI 的面积或者规模直接线性相关,而具有较为强烈的时空变化性。生态系统服务供给往往存在生态阈值,即服务突变点。例如,单独的若干棵树木并不会对局部温度调节起到显著作

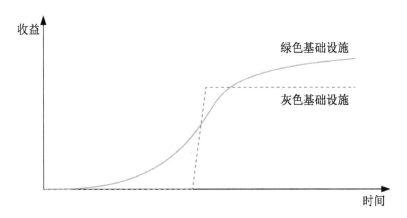

图 3-1　绿色基础设施与灰色基础设施的收益比较

用,而一个森林公园则可以起到明显的降温功效。此外,GI 的生态系统服务供给会随着外部环境的改变呈现周期性的变化规律,如四季更替、气候变化、人类活动干扰等。

3.2　城市 GI 构建的理论范式

3.2.1　城市 GI 的构成

1) GI 的组成要素分类

城市 GI 泛指城市中多尺度的绿色空间和蓝色空间。在形式上,GI 可以是由纯自然要素组成,也可以夹杂一些非自然要素。在形态上,GI 可以以点状的、线性的、面状的甚至不规则的形态存在,最终组合形成一种网络的状态。从功能上来看,GI 不仅具有单一的生态功能,也可以复合服务自然与社会的功能,其具有综合性。从不同尺度来看,可以是纯自然的也可以是半自然的;在形态上可以是点状的、线性的,也可以是面状、不规则形态的,并最终形成网络状态;在功能上既可以是单一的生态功能,也可以是综合了服务自然和社会的综合功能;在尺度上从城市的自然保护区,到山体湖泊,再到街头绿地都是 GI 考虑的范畴。从组成要素来看,GI 是涵盖了所有水体和植被类型组成的要素集合,包括自然、半自然和人工的全尺度蓝色空间和绿色空间,是支持自然生态、人文生态系统的绿色网络(图 3-2)。

图 3-2　城市 GI 的要素示意图

2) GI 的空间结构

在结构上,GI 由斑块、廊道、踏脚石和场地构成(图 3-3)。斑块是 GI 网络的核心区域,也是整个生态网络中各种生态过程发生的最主要载体。在城市 GI 网络中,斑块是城市中动植物、人类生态物质流和能量流的"源"与"汇"。斑块为不同物种提供稳定的生境,是保障系统内生物多样性的关键,同时也为城市居民提供了休闲活动的蓝色和绿色空间。根据 GI 网络规模的不同,斑块也具有多种形态和尺度,一般包括自然保护区、森林、人工林地、农田、公园、城市绿地等。根据用地性质不同,GI 的斑块又可分为:①生态用地,包括市域尺度的城市自然保护区、风景名胜、城市内的河流湖泊,以及湿地、动植物栖息地保护区,还有未受人类活动干扰的荒地;②城市的农业生产用地,包括城市中的旱地农田、水田、鱼塘、果园、林场等;③城市中的开场空间,主要以不同等级的公园为主,也包括城市中的街头绿地和球场等,多为人工和半自然绿地;④待复垦的土地,如废弃的工业用地、采煤沉陷区等,这些土地经过修复后有潜力转变为生态价值较高的 GI。

廊道是 GI 网络中连接各个要素的绿色或蓝色的线性通道。城市中 GI 廊道的格局决定了 GI 生态系统服务的提供效率,作为 GI 网络生态过程传输的纽带,廊道在维持生物过程和 GI 系统健康运行方面起着重要作用。同时,廊道为骑行爱好者、登山与远足爱好者、长跑爱好者提供了运动的空间,

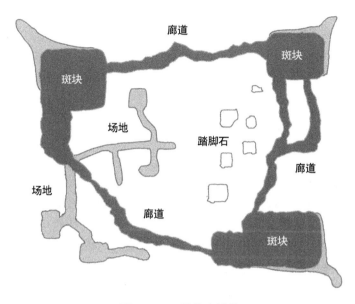

图 3-3　GI 的基本结构

也为城市中的普通人提供了散步与休闲活动的场所,将人类与自然联系起来。其中,生态廊道是野生动物活动和迁徙的生物通道;景观游憩廊道连接并整合了城市汇总的历史文化和自然景观资源,为城市居民提供健身和游憩的通道和空间;线性绿带主要表现为沿公路、铁路布局的线性的绿带和绿廊,以及河流/河漫滩及周边的线性绿地等。线性绿带以半自然和人工的绿色空间为主,除了发挥必要的自然生态功能外,廊道也为附近居民提供锻炼、休闲和游憩的空间。

场地的界定则较为模糊,在特定的 GI 系统中,场地可被理解为规模较小的斑块或廊道。在结构上,场地与 GI 网络中的其他要素的联系相对较弱,通常仅有一条廊道与其他 GI 要素相连。虽然场地的规模相对较小,但仍可发挥重要的生态和社会价值。特别是对于受到人类活动干扰较大的棕地型场地,经过适当的修复和整理后,其有潜力转变为新的 GI 斑块。场地的 GI 要素类型与斑块类似,常见的场地包括野生动植物保护区、都市农业区和自然/半自然的休闲娱乐空间,以及废弃的工业用地、生产用地和采煤沉陷区等。

踏脚石是 GI 网络中孤立、破碎化的小型生态节点,是 GI 网络中斑块、廊道和场地的补充。虽然踏脚石在形态上不直接串联在 GI 网络中,但对于城市的生态功能和格局起到了至关重要的作用。一方面,对于动物来讲,踏脚石的意义在于在迁徙道路上没有廊道或廊道断开的情况下,为其提供临时性的迁徙和活动路径;另一方面,对于城市中濒危的动植物,踏脚石也常作为特殊物种保护区和濒危物种栖息地。此外,踏脚石还涵盖了人类社会中的社区绿地、私人花园、绿色屋顶等。

3.2.2 城市 GI 的构建尺度

GI 的尺度涵盖了从宏观的国家、跨区域尺度,到中观的城市和区域尺度,再到微观的社区和场地尺度。在不同的尺度规模下,GI 的实施内容和相应功能也有所不同。根据美国和欧盟的相关研究成果和实践,GI 从尺度上可细分为跨区域尺度、区域尺度、城市尺度、社区尺度、场地尺度[5,14]。由于本研究主要关注城市尺度下的 GI 系统,因此在本小节中只对城市尺度、社区尺度和场地尺度进行分析。

由于 GI 本身的连续性和复杂性,不同尺度下的 GI 存在着相互重叠和交叉的现象,彼此间并没有严格的界限,不同尺度下的 GI 可以通过空间的连续体来表现。如图 3-4 所示,在城市尺度下,GI 的空间分布连续体模型展现了 GI 要素从城市核心区域到自然区域逐渐过渡的分布情况。越靠近城市核心区域,GI 的人工化程度就会越高,而越靠近城市郊区和外围地区,GI 的自然化程度则相对越高。

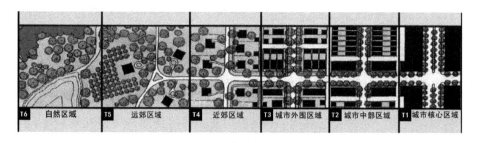

| T6 自然区域 | T5 远郊区域 | T4 近郊区域 | T3 城市外围区域 | T2 城市中部区域 | T1 城市核心区域 |

图 3-4　城市 GI 的空间连续体模型

1) 城市级 GI

城市尺度的 GI 构成包括城市级的网络中心、廊道、场地与大型孤岛。其中城市级的网络中心包括可供居民参观游玩的自然景区、大型公园,为城市提供生态资源的大型水体、林田地、湿地等;城市级的廊道包括城市绿道(人行步道与自行车道)、防护林、绿带等绿色廊道,以及河道、城市水系等蓝色廊道。这些要素共同构成了一个开放的城市级绿色空间网络系统,提高了城市的环境、资源、景观及生态安全水平。这种网络中的各种物质与非物质元素可以充分发挥 GI 的生物功能及非生物功能,为人类与其他生物提供了充足的绿色空间以及多用途的线路和途径。

2)社区级 GI

社区尺度的 GI 构成包括社区级的网络中心、廊道、场地、踏脚石与小型孤岛。其中,网络中心包括日常休闲的社区公园、绿地以及小型的林田地、园地等;社区级的廊道包括社区绿道(人行步道与自行车道)、社区绿地、水沟水渠、小溪水廊等;踏脚石包括社区中连片的行道树木、街角花坛、小区绿地等。社区尺度介于城市尺度与场地尺度之间,是二者的承接者。一方面,相对于宏观的城市级 GI 规划,社区 GI 作用于社区级别的环境与生态系统;另一方面,社区 GI 直接指导场地尺度 GI 规划的具体实施与布局。社区 GI 满足了社区居民最直接的休闲活动与文化需求。

3)场地级 GI

场地尺度的 GI 构成包括城市中现有的具有美化城市功能的绿化景观要素、兼备生态与人文功能的社区服务空间、具有雨洪调节功能的雨水处理系统、具有交通功能的绿色线性空间以及具有其他具体功能的 GI 模块。场地 GI 渗透入城市的每一根血管中,直接作用于社区 GI 和城市 GI 的每一处,承担着最具体的职能。无论是城市基础设施还是居民的生活要求,以及生态的安全保障,场地 GI 起着最基础的功能作用。

3.2.3　城市 GI 的效益分析

不同尺度的 GI 有着不同的功能,从整体来看,GI 的功能性主要包括生物功能、非生物功能和社会功能。这种功能性不仅为人类带来经济与非经济效益,还要兼顾大自然;既要提供有助于自然生态系统健康、平稳运行的支持,也要发挥有利于经济稳定发展、社会和谐的安全效益、经济效益和社会效益(表 3-3)。城市 GI 的综合效益对城市自然生态系统和人文生态系统起着重要的支持和保障作用。

1)生态效益

生物功能是城市 GI 最基本的功能。城市 GI 的组成要素和架构方式最初都是以为生物提供栖息地和迁徙活动的廊道而考虑的。健康而持续的 GI 生物功能能够为自然要素和能量流提供一种可持续流动的动力,这种可持续的循环流动为城市的生态稳定与环境质量提供了有力的支撑。

表 3-3　城市 GI 规划的效益及内容分类

生态效益	经济效益	安全效益	社会效益
a. 生命支持	a. 产品供给	a. 生态安全	a. 美学欣赏
1. 水汽循环 2. 养分循环 3. 土地肥力维持 4. 自然演替 5. 传粉、授粉、繁殖	1. 食物生产 2. 工业原材料 3. 无机原材料 4. 燃料 5. 木材 6. 烟草 7. 可再生能源 8. 观赏性植物资源 9. 药品	1. 净化水质 2. 净化空气 3. 降低噪音 4. 缓解热岛效应 5. 调节城市微气候 6. 促进城市废弃物降解	1. 自然景观的美感 2. 幸福感和满足感 3. 精神愉悦 4. 归属感 5. 成就感
b. 生态供应	b. 资源利用	b. 灾害缓解	b. 休闲游憩
1. 清洁的水源 2. 清洁的空气 3. 动植物栖息地维持 4. 物种迁徙廊道维持 5. 生物多样性 6. 遗传多样性	1. 风景资源、历史旅游资源的开发保护 2. 旅游的附属消费，如交通、食宿、购物等 3. 生态环境改善带来的土地增值	1. 缓解暴雨、洪水灾害 2. 缓解滑坡、泥石流灾害 3. 缓解城市其他自然灾害	1. 创造并美化开发空间 2. 促进社交活动 3. 促进健身活动 4. 促进步行、骑行等出行方式 5. 缓解工作、学习压力
c. 生态调节	c. 减灾减费	c. 身心健康	c. 科普教育
1. 气候调节 2. 气候变化适应 3. 侵蚀调节 4. 水文调节 5. 物种控制 6. 食物链维持 7. 物种扰动演替维持	1. 缓解自然灾害，从而节省防治成本和重建成本，减少经济损失 2. 减少废弃物处理成本	1. 居民的生理安全 2. 居民的心理安全	1. 物种的认知教育 2. 自然过程的认知教育 3. 灵感的激发

　　城市 GI 规划首先要满足生态效益的稳定发挥。城市 GI 的生态效益主要体现在生命支持、生态供应和生态调节三个方面。其中，生命支持效益表现为 GI 要素实现了生态系统的自然演替和能量流动，实现了植物的光合作用、传粉授粉、养分循环，保持了土壤的肥力。生态供应体现在为动植物提供了栖息与繁殖的空间、持续的供给食物源和养分源。生态调节体现在对

废弃物的天然降解、破碎化生物种群的修复以及生存环境的调节等。

2）经济效益

城市尺度下的 GI 规划强调生态效益和经济效益的双赢。在自然环境得到较好保护和恢复的同时也产生了诸多类型的经济效益，如农田、林地、河流湖泊等 GI 要素为人类社会带来了各种农产品和自然产品；具有较高环境质量和生态水平的自然景观会为城市带来可观的旅游和景观消费，同时也使得周边的土地得以升值；生产和生活用地内资源的品质提升和生态利用也可以降低使用成本和购买成本，减少资源消耗的同时也提高了利用率；GI 规划可以使城市生态韧性和抵御自然灾害的能力大幅提升，从而降低了城市的经济损失。

3）安全效益

作为一种新的基础设施类型，GI 在属性上必须要满足城市生态安全和居民身心健康的社会需求。首先，在保障城市生态安全方面，合理规划后的 GI 能够优化雨水的渗透，提高地表和地下径流的存储能力，从而缓解城市雨洪和泥石流灾害的侵袭，保障城市安全；其次，城市 GI 还可以发挥缓解热岛效应、净化空气、调节城市微气候等功能，从而改善城市环境，进而提升市民的生活品质和身心健康。

4）社会效益

城市 GI 提供的不仅涵盖了城市中的名山大川等较为宏观的自然景观，也包括市民广场、社区花园和街头绿地等绿色要素。虽然规模不同，但它们都为城市居民提供了游憩、锻炼和社交的机会，特别是对于老年人来说，社区附近的绿地为其提供了适宜的交往和休闲空间，利于老年人的身心健康和实现积极老龄化。此外，城市 GI 也为人们了解自然、学习自然提供了良好的机遇，特别是对于儿童来说，城市中不同种类的 GI 要素是生态环境教育的重要场地。另外，城市中品质优良的 GI 要素，如自然风景区、修复的采矿迹地等也可打造为城市的名片，发挥良好的社会效益和示范作用。

需要强调的是，上述的四种效益并不单独产生，而是以一种相互交织的方式连锁发生，相互影响。以城市绿地为例，在降水时不仅土壤可以吸收雨水，植物也发挥着吸收水分与蒸腾作用。这样一来不仅可以减少城市的地表径流，还可以调节城市微循环，优化城市小气候，降低发生洪水灾害的可能。同时，还可以灌溉生产性植被，提高经济效益。因此，GI 不仅对人们的生命财产安全做出了一定的贡献，也带来了经济效益与生态效益。优质的 GI 空间还可以满足不同的社会需求，比如优质的不同尺度的 GI 创造了新的社交、活动空间,多种多样的游憩活动不仅能推动旅游产业的发展,也能提升市民的幸福感和满足感。

3.2.4　城市 GI 的构建方法

城市 GI 构建理论方法主要用于解决 GI 构成要素的选取与整体空间格局的确定,即:确定城市中哪些是 GI 要素、在哪里构建 GI、以何种方式表达。一般来说,GI 构建的基本方法包含以下四大类。

1) 垂直数据叠加法

目前 GI 方案制定最为普遍的方法源于现代生态规划理论,其创始人为麦克哈格。这种方法强调每一个景观单元内各种生物与非生物之间的垂直联系,如从地质到土壤及水体、从植被到动物及人类活动,这种垂直空间上的活动过程与土地利用密切相关,是 GI 方案制定最为普遍的方法。鲍曼对美国保护基金会支持的近半百个 GI 规划项目进行研究后发现,约 20 个项目中使用 GIS 的要素图层来分析确定受保护的 GI。此外,使用 GIS 图层的叠加与定量分析也广泛地运用在这些项目中[146],如美国马里兰州和新泽西州的 GI 规划方案就是采用该种方法制定的。

2) 水平空间分析法

近年来,在景观生态学中越来越多地应用水平空间分析法来指导景观规划。这种分析法着重研究生态空间中生物的水平活动过程(如动物迁徙),并在景观生态学的指导下,运用科学的景观规划对这种水平空间加以保护,以消除动物自然栖息地碎片化的影响。这种基于水平生态过程的空间分析法对于确定 GI 廊道同样适用。

在水平空间分析法的实际应用中,构建 GI 廊道通常使用的是兼顾了生物行为特征与景观地理学信息的地理信息系统中的"最小成本距离"模型[147]。在该模型中,首先将枢纽的中心设为"源",对从"源"到其他枢纽之间的廊道适宜性进行分析,按照廊道内的滨水区域、水体、水体内种群等水系情况以及道路、坡度及土地覆被等地面情况确定阻力面,运用"最小成本模型"计算出从"源"到其他枢纽的最小成本路径(即廊道的路径);其次按照周边地形与土地利用情况最后确定廊道的宽度[148];最后再在该模型的基础上通过模拟各类生态活动的水平过程,找到景观中的关键性节点,这些节点可以是局部、点、面和空间之间的各种关系,这样就可以构建出景观安全格局,并且进一步将多种过程的景观安全格局进行整合[149]。

3) 基于图论的方法

基于图论的方法可以用来判断 GI 网络结构中的节点关系。GI 结构中的斑块、踏脚石等可以简化为图论法中的连支结构。在图论法分析中,一个节点连支可以代表生境斑块,而不同节点间的可能性路径则可表示为物种在斑块间的移动路径,各种节点与连接路径共同构成了网络。由于节点与连接的分布不同,网络的连接方式、路径选择等可以为规划者构建城市 GI 方案时提供重要的参考与思路。在此基础上,可以通过对应的指标计算出网络的闭合度、环通度和连接度,从而从不同方案中选择出连通度高且成本率低的最优方案。

基于图论的分析法不需要长期的物种数据,这种以图为基础的方法把生态网络简单抽象为图论中的相关概念与连接性指数,可以直接用于定量评价生态连接性。这样就可以把复杂的场景简单化、系统化,非常有助于景观尺度上的快速研究。此外,在研究绿色空间网络时大都是随机进行选择,运用重力模型和图论相结合的方法可以更好地确认每个绿色空间的重要性,从而可以更有效地进行网络的选择。将重力模型、路径法和图论三者结合作为一种新的规划设计方法论时,既为生态规划及 GI 构建提供了数据,又可以对其进行模拟,还能对规划进行有效评价,是对现行规划方法的一个很好的补充。

4) 形态学空间格局分析法

形态学空间格局分析是近年来生态格局分析的常用方法。具体方法是对二进制图像分析并归类,运用形态学对其进行解析,研究其几何特征和连接度,从而得到该空间格局形态的变化情况。在 GI 构建中对土地覆盖进行分析时,可以运用 MSPA 将不同时间该区域的 GI 要素设为前景要素进行提取并分类,就可以得到土地覆盖的变化情况。在形态学空间格局分析时,通过对土地信息的形态(如点、线、面)进行提取与分类,不仅可以识别出廊道和斑块,还可以根据廊道的形态进行分类。

上述四种 GI 的规划技术方法其目的都是识别潜在的斑块和廊道要素,但特点略有不同。如表 3-4 所示,基于垂直数据的叠加法是在景观规划和 GI 规划中使用最广泛的方法,分析软件和实现手段较多,能够很好地完成 GI 的适宜性评价,但缺点是数据处理工作量大,同时对景观水平过程的分析不足。水平空间分析法更多关注于景观水平方向上选定指示物种的"能力"传动效率,而对垂直方向上 GI 面状要素的考虑较为单一,因此基于垂直数据的叠加法和基于水平过程的分析方法恰恰可以做到优势互补,前者多用于 GI 规划中面状要素的确定,而后者多用于线状要素的提取分析。图论将 GI 简化为节点和连接路径组成的网络"图式",模拟最优 GI 格局。这种方法不需要长期物种数据,适用于连接度的评价,但对于 GI 要素的质量和功能性评价方面略显不足。MSPA 利用图像分析技术对形态的分析与提取十分准确,且不需要提前对 GI 要素的水平进行定义(如提前确定"源"与"汇"等),但缺点是对图像的分辨率、灰度、轮廓等要求较高。

表 3-4　GI 规划技术方法比较

方法	优势	劣势
垂直数据叠加法	方法成熟,实现手段较多;利于适宜性评价;适用于面状 GI 要素分析	数据需求量大;景观水平过程考虑不足
水平空间分析法	适用于线状 GI 要素分析;利于结构性和连通度分析	数据需求量大;景观垂直过程考虑不足
基于图论的方法	数据需求量小;不需要长期物种数据	对于 GI 要素的功能性分析不足
形态学空间格局分析法	数据需求量小;不需要对 GI 要素水平进行定义和分级	对数据精度要求较高

3.3　资源型城市 GI 构建的技术路径

3.3.1　构建目标

1) GI 构建方法需适用于煤炭资源型城市

城市 GI 规划对于解决煤炭资源型城市土地利用性质的长期改变和采矿塌陷造成的城市生态结构与功能破碎具有重要的引导和控制作用。但当前国内外对于煤炭资源型城市 GI 规划的研究不多且不够深入,大多数研究仅针对矿区或采煤沉陷区本身,而煤炭资源型城市全局的研究对采煤沉陷区 GI 要素的特殊性考虑不足。由于采煤沉陷区生态环境的脆弱性,通过遥感解译获得的采煤沉陷区内的 GI 要素并不能反映其真实的生境状态。因此,采煤沉陷区 GI 要素的识别是煤炭资源型城市 GI 规划的特殊点和难点。科学合理地识别采煤沉陷区的 GI 要素是进行煤炭资源型城市 GI 规划的前提,也是区别于其他类型城市 GI 规划的不同之处。

2）GI 构建需实现生态系统服务的最大化

根据前文分析可知，GI 规划的终极目标是实现城市生态系统服务的最大化[141]，但实际的 GI 规划常常从单一的利益角度加以实施（通常基于生物多样性或雨洪调控），而缺乏对生态系统整体服务效益的把控。这将会直接导致 GI 的规划构建往往落实于受人类活动干扰较少且生态潜力较高的区域（如城市外围的森林、自然保护区等）。一般来看，这些区域的人口密度往往较低，也就意味着生态系统服务的实际受益者也相对较少。进一步来看，如果区域的生态系统服务需求很低，也就意味着周边的 GI 资源并不需要激发出全部的生态潜力，这也就与 GI 规划的终极目标背道而驰。究其原因，这主要是由于在具体规划实施时由于知识有限或利益相关方参与不全面导致选址缺乏宏观规划，GI 并没有建在最能发挥作用的地方，进而造成 GI 投资的社会资本的低效与浪费。

因此，有学者提出在进行 GI 规划构建前，对研究区域生态系统服务需求进行整体把握可以很好地解决上述问题[150]。不同于直接计算区域内的生态系统服务价值量，基于生态系统服务的 GI 构建需求是基于对多种生态系统服务在空间层面综合考量的结果。

3）GI 构建过程需要多利益相关者共同参与

公众是 GI 最重要的利益相关者，在 GI 规划的编制和实施过程中非常强调地方政府、学界、非官方组织和民众的广泛参与和协作。欧美发达国家在历史、法律制度、决策制度等原因的综合作用下，其 GI 的公众参与已取得了良好的效果。但现阶段我国 GI 相关规划中的公众参与还处于"规划成果展示"层面，多方利益相关者参与的作用在目标设定和最终决策阶段都受到高度限制。

为解决这一现状，GI 规划的多利益主体参与可以从两个方面展开：在第一阶段，不同的利益相关者参与到规划目标制定的会议中，民众、非政府组织，以及来自其他团体的利益相关者共同参与提出现状问题和未来规划愿景，地方政府、环保部门、规划师、工程师、生态学家、地理学家和政策分析师共同商讨规划议题和解决路径；在第二阶段，即规划蓝本完成后，不同的利益主体将有一定的时间表达对规划的意见，规划编制团队据其对蓝本进行修改完善。这种协作机制能较好地保证规划的科学性并反映实际需求。

4）GI 构建方案要实现多种需求性

功能复合性和时空变化性是城市 GI 生态系统服务的特征。GI 的生态系统服务功能涉及供给服务、支持服务、调节服务和文化服务的方方面面，单纯从一项或几项指标很难实现 GI 规划的初衷和诉求。这就要求 GI 的构建方案需要结合具体情况,通过多种需求下的构建方案加以表达。如调节服务导向下的 GI 构建可以解决城市雨洪调控、清风廊道建设等方面的要求,支持服务导向下的 GI 构建可以解决城市生物多样性保护的需求,而文化服务导向下的 GI 构建则可以部分实现城市旅游规划的功能。但需要强调的是,单独强调某一方面或某一导向都不是完整的 GI 构建,多种需求的构建方案与管控策略应该是 GI 的基本特征表现之一。

3.3.2 构建原则

1)多功能性原则

一套成功而完整的 GI 构建体系所提供的生态系统服务是多方面的,不仅需要满足城市生境质量和生物多样性保护方面的要求,同时也要在雨洪管理、热岛效应缓解等调节服务和休闲游憩、景观质量等方面有所建树。因此,城市生态系统服务的多功能性是 GI 构建的首要原则,以人类福祉为核心也是 GI 方法与其他绿色空间方法体系的最大区别。

2)普适性原则

本研究所提出的 GI 构建模型框架和方法体系适用于所有包含采煤沉陷区的煤炭资源型城市。除煤炭资源型城市外,研究提出的方法体系对其他凡是产生采煤沉陷区并进入自然演替阶段的资源型城市的 GI 构建同样适用。

3)连通性原则

连通性是 GI 区别于传统生态空间概念的最显著特征。不管是对物种的迁徙还是生态系统调节服务的供给,都需要廊道的连通加以实施。良好的连通性是保证 GI 系统健康稳定运行的前提。

4)多学科原则

城市 GI 的规划构建需要涉及地理学、城市规划、景观生态学、城市管理学等诸多内容,因此不同学科的交叉融合是实现科学 GI 规划构建的前提。只有组建起具有多学科背景的 GI 规划构建团队,才能保证 GI 项目顺利开展和实施。

3.3.3 实施步骤

1)识别 GI 本底要素

GI 本底要素是城市中具有一定规模的、可以持续稳定地提供生态系统服务的斑块要素合集。在本研究中,其涵盖了森林、人工林、水体、草地、旱地和水田地类要素所构成的生态斑块。

GI 本底要素识别研究包括采煤沉陷区 GI 本底要素识别和城市全域 GI 本底要素识别两部分。以徐州都市区 2018 年 4 月的 Landsat-8 OLI 遥感影像为基础数据,使用 Erdas 平台对遥感影像进行校正与解译,建立研究区土地利用类型数据库。鉴于采煤沉陷区内生态的脆弱性和景观格局的不稳定性,研究引入了生态韧性评价方法,分别使用生境质量指数、生物多样性指数和景观连通性指数对采煤沉陷区内斑块的生态维系力、生态抵抗力和生态联合力进行分析,进而将三者综合叠加,识别生态韧性前三级的斑块作为采煤沉陷区 GI 本底要素;将采煤沉陷区 GI 本底要素与沉陷区外的生态用地斑块叠加,采用 GuideTool Box 平台的 MSPA 形态格局分析方法对全域 GI 要素进行筛选整理,最终获得城市全域 GI 本底要素识别结果。

2) 评价 GI 构建优先级

生态系统服务需求评估是 GI 构建模型需要解决的核心重点。研究将从煤炭资源型城市的调节服务、支持服务和文化服务三个方面,分别选取评价因子,以研究对象城市的街道为评价单元分别计算各个街道对十生态系统服务的需求水平。需要说明的是,在计算某一城市 GI 的供给服务时,主要影响因素是原材料和农产品的价格、产量和原产地。在全球贸易背景下,供给服务的产品流动已不受距离限制,某一城市生产的原料和农产品可能以全国甚至全球为目标市场,而研究对象城市的农产品供给也可能来自其他城市或地区。这就导致在计算城市 GI 供给服务时需要考虑较多其他因素并脱离了研究主题,因此本研究不对城市 GI 的供给服务进行研究,仅从调节服务、支持服务和文化服务三方面加以考虑。

不同于其他生态系统服务评价因子,GI 文化服务评价需要以市民的主观感受为依据,为了体现城市中不同区域对 GI 构建的需求度且统一评价量纲,研究将目标城市的街道作为评价单元,以街道的人口或面积等作为体现评价单元 GI 构建需求的基本单位,从而同时照顾到调节服务、支持服务和文化服务评价因子的特征,也便于后期规划的实施。

由于 GI 本身的多功能性,不同利益相关者的观点将是最终不同生态系统服务导向下 GI 构建方案的重要决策依据。在研究中,访谈和调查问卷法是揭示城市中不同利益相关者对于 GI 观点和不同生态系统服务效益的重要性手段。通过问卷调查的方式进一步判定上述六类服务的权衡关系和重要性,将其结果与 GI 构建需求要素叠合,获得城市 GI 构建需求评价结果。

依据以上分析,首先从城市生态系统服务的支持服务、调节服务、文化服务出发,每类服务选取两个评价因子,以城市行政区划为评价单元,通过分析计算得到单因子 GI 构建优先级;其次,使用专家问卷结合 AHP 层次分析法对上述 6 类评价结果进行权重判定,将权重与 GI 构建优先级图层叠合,最终分别获得生态系统调节服务、支持服务、文化服务,以及三类服务叠加后的综合服务的 GI 构建优先级评价结果。

3) 制定 GI 构建策略

不同等级的核心区和廊道是 GI 构建结果的表现形式。将全域 GI 本底要素识别得到的 GI 斑块作为核心区制定的依据。在廊道识别方面,以 GI 斑块作为"源"与"汇",使用最小累积模型分析得出不同生态系统服务导向下的廊道路径,进而使用重力模型和拓扑筛选对不同导向下的廊道进行筛选整理,分别得到调节服务、支持服务、文化服务和综合服务导向下的廊道要素。最后将核心区、廊道与 GI 构建优先级分析结果进行叠加分析,分别得到调节服务、支持服务、文化服务和综合服务需求下的 GI 构建方案和相应的管控策略。具体技术路径详见图 3-5。

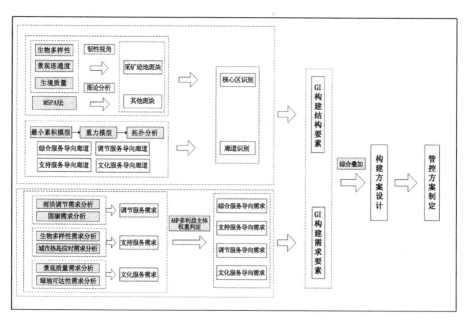

图 3-5　需求导向下的 GI 构建技术路径图

4 资源型城市 GI 本底要素识别研究

城市 GI 本底要素是城市中具有一定规模的、可以持续稳定地提供生态系统服务的斑块要素合集,是 GI 网络的组成部分。GI 本底要素识别是进行 GI 构建的基础性工作,制定适用于黄淮东部地区煤炭资源型城市特征的 GI 本底要素识别方法是科学合理构建 GI 的前提。鉴于研究区内采煤沉陷区 GI 要素的生态脆弱性和景观格局的不稳定性,本章分别提出了适用于采煤沉陷区 GI 本底要素和城市全域 GI 要素的识别方法,并以徐州市为对象进行实证分析,力求 GI 本底要素识别的科学性和准确性。

4.1 研究区概况

4.1.1 地理概况

1) 地理位置

本研究以黄淮平原东部典型的煤炭资源型城市徐州市为对象。徐州市位于江苏省西北部,介于东经 $116°22'\sim118°40'$,北纬 $33°43'\sim34°58'$ 之间。总面积 11 258 km²。研究范围限定于徐州市都市区,总用地面积 3 126 km²。

徐州地处江苏、山东、河南、安徽四省交界,素有"五省通衢"之称,京沪铁路、陇海铁路两大干线在此交汇,境内铁路、公路、水路、航空、管道"五通汇流",地理位置优越。徐州是上海经济区与环渤海经济圈的结合部,是淮海经济区的中心,社会经济发展和综合实力在淮海经济区十市中排名第一,也是重要的区域商品市场交易中心和基地。

2) 自然条件

徐州位于鲁南低山丘陵的南端,地势平缓,以平原为主。其中贾汪区中部的大洞山为全市最高峰,海拔 361 m。徐州是中纬度地区,属暖温带半湿润季风性气候,年平均气温 14 ℃,常年主导风向为东北偏东。主要呈现四季分明、光照充足、雨热同期的气候特点。主要气象灾害有干旱、洪涝、暴风、霜冻、冰霜等。

徐州都市区原生乔本植物以落叶阔叶林为主,但由于新中国成立前的战争损毁,大量的原生植被遭到破坏。新中国成立后开始大规模植树造林,目前都市区大部分山体以侧柏为主。

徐州矿产资源富集,蕴藏有煤炭、铁矿石、石英矿等 40 余种矿产,其中尤以煤炭储量最为丰富。徐州是全国重要的煤炭产地,其煤炭开采历史超过一百年。徐州探明的煤炭资源储量近 40 亿 t,预测总储量 70 亿 t 左右。徐州煤炭资源主要分布在城市东北、西北方向,煤田面积约为 500 km²。徐州粮食、棉花、麻类、皮毛、烟草、花生、甜菜、水果、芦苇等农副产品和经济作物都很丰富,为发展轻纺工业提供了原料。

4.1.2 社会经济发展概况

2019 年徐州市常住人口 882.56 万人,较十年前略有增长,是全国第 35 个人口超八百万的城市。近十年城镇化率稳步上升,从 2010 年的 53.9% 到 2019 年的 66.7%,提升了近 13 个百分点,城镇化水平逐年提高(见图 4-1)。

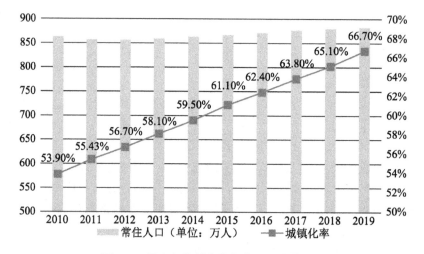

图 4-1　近十年徐州市常住人口及城镇化率

2010—2019 年,徐州市 GDP、人均 GDP 均逐年提高(见图 4-2)。十年间 GDP 增长了近 3 倍,2015 年突破 5 000 亿元大关,2019 年达到 7 151.35 亿元,在全国城市中排名第二十七。2010 年徐州市人均 GDP 约 3.3 万元,十年间连续增长,2016 年人均 GDP 突破 6.7 万元,2019 年达到 8.1 万元。

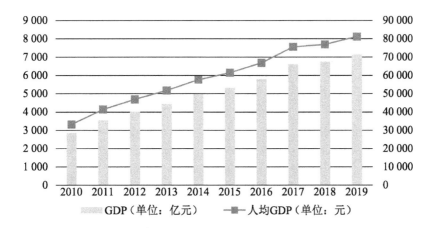

图 4-2　近十年徐州市 GDP 与人均 GDP 变化图

徐州市经济总量已经达到一定的水平,但仍然有许多发展不足的地方。2018 年前,徐州市主要经济指标增长率均高于全国平均水平,但是由于工业转型升级等原因,经济运行虽然总体平稳,但 2018 年徐州市经济增速仍低于全国平均水平。2019 年经济增长率逐步提升至约 6％,回归全国平均水平(见图 4-3)。

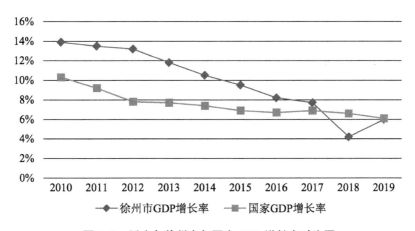

图 4-3　近十年徐州市与国家 GDP 增长率对比图

徐州市近年来三次产业结构转型特征明显(见图 4-4)。其中,第三产业于 2010 年在三大产业中约占 1/3,随后连年增长,2019 年占比超过 50％;第二产业则由 2010 年的 52.3％降至 40.4％;第一产业占比调整较小。

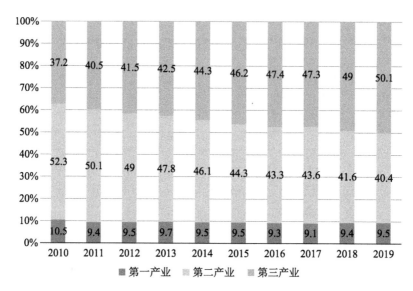

图4-4 近十年徐州市产业结构变化图

4.1.3 采煤沉陷区分布情况

徐州煤矿的开采历史可追溯到900多年前的北宋时期,由此开启了徐州煤炭开采的序幕。徐州是中国近代煤炭规模化开采和利用的县区城市之一,于1882年创立了"利国煤铁矿务局",开始了煤炭规模化的开采,创徐州现代化工业之先河[2]。随着1911年津浦铁路和1915年陇海铁路的建成通车,凭借煤炭的开采和铁路的联通,徐州市成为区域性政治、经济和文化中心。1948年11月8日贾汪矿区解放,矿山历史从此翻开了新的一页[2]。

进入21世纪,徐州都市区煤炭资源几近开采殆尽,大批煤矿关闭停产,遗留了大面积的采煤沉陷区亟待整治。至2019年,徐州都市区内的矿井全部关闭,结束了近代以来近130余年的煤炭开采历史。这些采煤沉陷区量大面广,割裂了原本完整的城市生态空间。据《徐州市生态修复专项规划(2019—2021)》,徐州市都市区采煤沉陷区面积约为14 782 hm²,沉陷湿地面积占到17.7%。根据沉陷区范围不同,可将其分为东部采煤沉陷区片区和西部采煤沉陷区片区,共计9个片区(见图4-5),片区面积大小见图4-6。

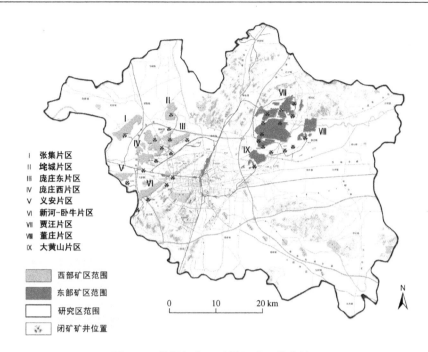

图 4-5 徐州都市区采煤沉陷区分布情况

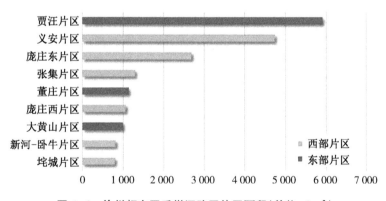

图 4-6 徐州都市区采煤沉陷区片区面积(单位：hm²)

　　东部采煤沉陷区片区位于贾汪区、徐州经济技术开发区和铜山区境内，分布有贾汪片区、大黄山片区和董庄片区，主要由夏桥、权台、旗山、大黄山等煤矿采煤后所形成。西部采煤沉陷区片区位于鼓楼区、泉山区和铜山区境内，采煤塌陷地主要有垞城片区、庞庄东片区、庞庄西片区、新河-卧牛片区。

4.1.4 生态资源布局特征

1）山体资源

徐州都市区主要的山体有：大洞山、吕梁山、云龙山、泉山、城北山体、城南山体等（见图 4-7）。从空间布局来看，徐州都市区山体资源呈现出"C"形的布局结构。都市区北部的微山湖湿地保护区、东北部贾汪区内的吕梁山风景区、东南方向的大洞山风景名胜区，以及西南方向的云龙湖风景名胜区是山体资源的四个核心布局点，对城市建成区内的楚王山、九里山、泰山、凤凰山、白云山等形成包围的态势。但都市区西部、西北部、东部，以及南部的山体资源稀少，以农田为主。

图 4-7 徐州都市区山体资源布局

资料来源：《徐州市城市绿地系统规划》

2）湿地资源

依据《国际湿地公约》《全国湿地资源综合调查技术规程》的分类系统与

分类标准,徐州市湿地可划分为河流湿地、湖泊湿地、沼泽湿地和人工湿地4类,其中人工湿地包括库塘、输水河、水产养殖场和煤炭塌陷地共4型。

徐州市的湿地主要分布于铜山区、新沂市和邳州市,湿地面积分别占全市湿地总面积的16.9%、26.02%和20.70%,合计占徐州市湿地总面积的63.62%,是湿地分布最为集中的三个县级单位。丰县和沛县湿地面积合计占全市湿地总面积的16.61%。徐州市云龙区和鼓楼区的湿地面积相对较小。都市区范围内的湿地主要分为河流湿地、湖泊湿地及塌陷地湿地。都市区内主要河流湖泊有:故黄河、京杭大运河、云龙湖、九里湖、大龙湖、潘安湖、金龙湖等(表4-1)。

表4-1 徐州都市区主要湿地汇总表

序号	名称	类型	面积/km²
1	故黄河重要湿地	河流	25.38
2	京杭大运河	运河	20
3	房亭河	河流	17.41
4	郑集河	河流	17.70
5	闸河	河流	67.5
6	玉带河	河流	32.04
7	丁万河	河流	61.3
8	荆马河	河流	51.6
9	奎河	河流	32.9
10	九里湖湿地公园	塌陷地	11.30
11	云龙湖湿地	湖泊	7.5
12	吕梁天风湖湿地	湖泊	7.3
13	大龙湖湿地	湖泊	5.0
14	金龙湖湿地	湖泊	0.25
15	玉潭湖湿地	湖泊	0.25
16	贾汪南湖湿地公园	塌陷地	1.93
17	贾汪潘安湖湿地	塌陷地	28
18	贾汪督公湖湿地	湖泊	0.73

其中一部分河流湿地已开发为城市景观公园，如故黄河公园、桃花源湿地公园和临黄湿地公园；一部分塌陷地湿地作为湿地公园开发利用，如九里湖省级湿地公园、贾汪南湖湿地公园等；一部分湿地已建成为城市公园，如大龙湖公园、云龙湖公园和金龙湖公园等(图4-8)。

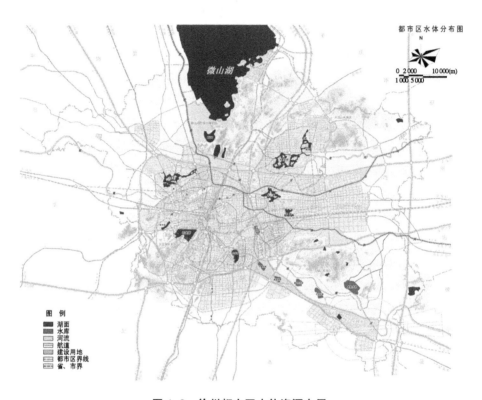

图4-8　徐州都市区水体资源布局

4.1.5　生态资源空间格局特征

结合徐州周围山川形胜，通过设置生态敏感区、自然保护区、生态控制区，徐州都市区生态空间可总结为"两湖、两轴、三区、四楔、六山、八水"的基本结构(图4-9)。

其中，"两湖"为云龙湖和微山湖，是徐州都市区最重要的"蓝色空间"，以水源涵养和景观控制为主导功能。"两轴"是位于主城区两侧呈南北走向的生态轴线，一条经微山湖湖西自然保护区，经九里山、九里湖通向汉王公益林片区；一条以京沪高速和京沪铁路沿线的防护林为主要走向，自南向北

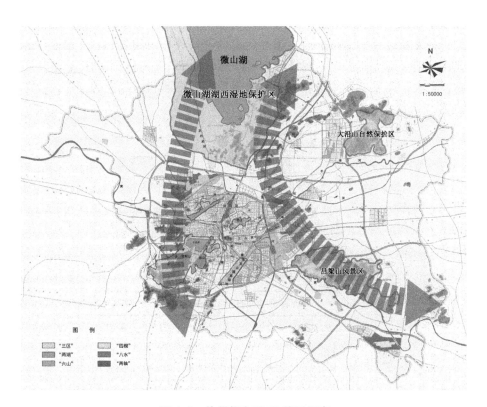

图 4-9 徐州都市区 GI 格局示意

经过城北山体公园、胡黄河采煤沉陷湿地,到达都市区东南部的吕梁山风景区;"三区"分别是吕梁山风景区、大洞山自然保护区,以及微山湖湖西湿地,主要起到生物多样性保护、自然和人文景观维护的作用;"四楔"为徐州市主城区内的四个重要生态斑块,分别是云龙风景名胜区、扬山斑块、托龙山斑块和九里山—九里湖生态斑块,这些斑块是都市区重要的生态廊道,起到控制城市连片发展的作用;"六山"指拉犁山、楚王山、云龙山、扬山、泉山和九里山,是都市区重要的山体公园;"八水"指都市区内重要的蓝色廊道,有京杭大运河、故黄河、荆马河等,这些水系具有雨洪调控、景观欣赏、维持生物多样性等多种功能。

4.2　土地利用数据提取

系统内物质的尺度、数量、结构决定着系统功能的发挥。作为城市生态系统服务功能的供给主体和人类福祉的保障根基,GI 要素的识别工作是本研究的重要前提和基础。为了保证研究的普适性与可重复性,GI 要素的识别主要基于对遥感影像的解译分析,辅以其他相关规划材料、图件和影像材料,以保证 GI 要素识别的精确性。徐州都市区土地利用数据的提取流程如图 4-10 所示。

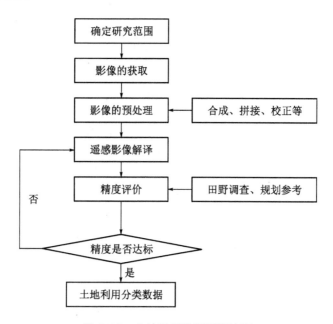

图 4-10　土地利用数据提取流程

4.2.1　数据来源与处理

1) 数据来源

数据来源主要包括遥感影像数据资料和规划类数据资料两部分。其中遥感影像数据资料采用了 2018 年 Landsat-8 卫星提供的遥感数据。Landsat-8 OLI 卫星发射于 2013 年 2 月,所提供数据共包含 11 个波段,最高分辨率为 15 m,能够满足中尺度以上的城市和区域规划的需要以及 1∶10 万比例尺的制图工作需要。结合本研究的具体内容,主要选取该卫星 OLI 传感器提供的 30 m×30 m 的 Level 1 数据进行研究,数据获取自美国地质勘探局官网(USGS, https://earthexplorer.usgs.gov/)。Landsat-8 OLI 遥感影像各波段特征如表 4-2 所示。研究选取了 2018 年 4 月底作为影像的提取时间段。该时间段的徐州气候气象条件下云量较小,同时不同土地利用类型的遥感识别率较高,能够保证遥感图像的精度。由于研究区域处于 121_036 和 122_036 两景遥感影像的结合位置,故需要对两景影像进行拼接处理。研究最终选取的两景影像分别拍摄于格林尼治时间的 2018 年 4 月 23 日 02:42 和 2018 年 4 月 30 日 02:48。结合研究区具体情况,两景影像的云量皆在 10% 以下,因此能够保证数据后续处理的精度。遥感影像处理软件采用 ERDAS IMAGINE 2015,空间分析软件为 ArcGIS 10.2。

表 4-2　Landsat OLI 影像各波段特征

传感器	波段	波段名称	波长范围/μm	波段特征	分辨率/m
OLI	1	蓝	0.450～0.515	对水体穿透能力强;反映叶绿素浓度	30
	2	绿	0.525～0.600	对水体穿透能力强;对健康茂密植物反射敏感	30
	3	红	0.630～0.680	植被叶绿素主要吸收波段	30
	4	近红外	0.845～0.885	植被通用波段	30
	5	短波红外	1.560～1.660	水体主要吸收波段	30
	6	热红外	10.400～12.500	地表物体热辐射波段	60
	7	短波红外	2.100～2.300	水体强吸收波段	30
	8	全波段	0.500～0.680	——	15

2) 遥感影像预处理

本研究使用 ERDAS IMAGINE 2015 遥感处理软件对研究区域 TM 遥感影像数据进行预处理。预处理主要包括多波段融合、辐射校正、几何校正、投影变换、图像拼接、数据增强处理等。原始的遥感数据一般都是按照波段分开的。由于不便使用真彩色和假彩色等展示遥感影像,这就给后期遥感解译带来诸多不便。为了解决这一问题,使用多波段融合可将多个波段融合为一个 tif 文件,具体可通过 ERDAS IMAGINE 2015 软件中的 Layer Stack 功能来实现。辐射校正主要用于减小因大气辐射、漫射、散射,太阳角度,以及传感器本身所造成的误差;几何校正主要用于消除影像中地物的形状、位置和比例发生的几何变形。辐射校正可通过 ERDAS IMAGINE 2015 中的 Spatial Modeler 模块和 ATCOR 工具完成。几何校正可通过以遥感影像和野外调查记录的坐标数据作为参考,选取标志性建筑物、水利设施、道路及河流的交叉点等作为控制点,采用最近邻近点法与基准影像进行配准。由于网站上获取的数据是经过大气辐射校正和空间校正后的产品，所以本研究中仅需要使用 ERDAS 软件中的图像增强和空间增强模块进行处理。校正完成后需要对影像进行投影变换，将图像的地理坐标系换算为平面坐标系。数据图像基准面为 WGS 84，投影为 UTM，ZONE 50。

由于研究区超出了 Landsat 8 OLI 单幅遥感影像图所覆盖的范围，因此要对两幅图像(行带号为：121_036 和 122_036)进行拼接得到覆盖徐州都市区全域的遥感影像，具体可通过 ERDAS IMAGINE 2015 中的镶嵌拼接功能实现。

最后，需要对遥感影像按照行政边界进行裁切。利用 ArcGIS 10.2 处理得到徐州市行政区划图的 Shape 格式文件，使用 ERDAS IMAGINE 2015 的Subset & Chip 菜单下的 Mask 功能对影像进行裁剪。处理后得到的遥感影像如图 4-11 所示。

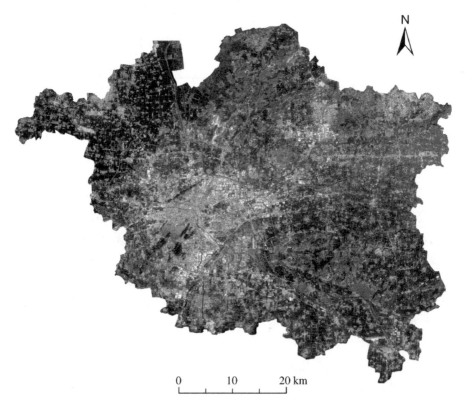

图 4-11　徐州市卫星遥感影像图

4.2.2 遥感影像解译

遥感影像解译是通过分析原始航片数据地物的光谱、形状、位置、大小、空间坐标等来识别地物属性,将不同类型的地物划分为不同的子集,同时要求相同子集内的地物像元信息差异最小,不同子集内的地物像元信息差异尽可能大,从而实现将航片数据从光谱类到用户信息需求类的转变。总的来看,遥感影像的解译大致可分为确立土地利用分类体系、确定解译标志、选择分类方法、进行分类精度评价,以及进行分类后处理。

1) 确立土地利用分类体系

根据徐州市的土地利用覆盖特征和研究需要,将土地利用分为建设用地、森林、人工林、水体、草地、旱地、水田、道路用地共计 8 种类型(表 4-3)。建设用地主要集中于徐州市主城区和铜山区各乡镇的农村居民点。

表 4-3　徐州市土地利用分类

地类编号	土地利用类型	地类描述
1	建设用地	包括工业、商业、居民点、交通水利和其他建设用地
2	森林	以针叶林为主
3	人工林	以针阔混交林为主,还包括阔叶林、灌木林和园地等
4	水体	包括河流、湖泊、池塘、塌陷地等
5	草地	包括高、中、低覆盖的草地
6	旱地	包括小麦田、玉米田等
7	水田	以水稻田为主
8	道路用地	包括铁路、高速公路、国道、省道,以及城市中的一、二、三级道路

徐州市平原面积占比大,土地开发强度较高。由于未利用地较少,因此研究中未将未利用地作为单独的地类进行统计。徐州市位于暖温带南部,地带性植被为落叶阔叶林。但由于历史上有多次大规模的战争以及黄河泛滥等,已几乎将境内的原始地带性植被破坏殆尽,现存的森林植被以针叶林为主。人工林以针阔混交林为主,在类型上主要包括防护林、果林和经济林。徐州市水体可划分为河流湿地、湖泊湿地、沼泽湿地和人工湿地等四类,其中采煤塌陷地在人工湿地中的比重较大。草地主要为平原地带的人工草地和丘陵地带的天然草地。徐州市农用地主要为旱地,以小麦种植为

主,一年两熟。水稻田主要分布在微山湖湿地周边,铜山区各乡镇中也有零星种植。徐州市道路用地以网络化分布于都市区中,包括高速公路、国道、省道,以及城市中的一、二、三级道路。由于道路对 GI 生态系统服务的过程和格局影响巨大,因此将道路单独作为一种土地利用分类进行研究。

2) 确定解译标志

完成土地利用分类后,需要确定解译标志来描述某一地类的主要特征。在本研究中,解译标志主要通过目视解译,辅以规划资料分析和田野调查加以完成。对于城市中的建设用地、道路和水体等易于识别的地类,通过目视方法建立解译标志。对于森林和人工林、旱地和水田,需要通过规划类资料和田野调查辅助完成以提高解译精度。为了使解译精确和易于识别,研究采用了 TM5(R)、TM4(G)、TM3(B)的波段融合进行解译。这种融合方式不仅类似于自然色,而且信息量丰富,能够充分显示地物影像特征的差别。解译标志的分类和特点见表 4-4。

表 4-4　解译标志分类

地类编号	土地利用类型	解译标志	标志特点
1	建设用地		光谱特征明显,以灰白色为主,噪点显著且边缘特征清晰
2	森林		由于以针叶林为主,光谱特征单一,为暗红色
3	人工林		光谱特征较森林更浅,饱和度较低,多与森林相连,分布于森林外围
4	水体		光谱特征为浅蓝色,边缘清晰

地类编号	土地利用类型	解译标志	标志特点
5	草地		光谱特征为灰粉色，夹杂白色噪点
6	旱地		光谱特征为深红色，色彩鲜明，形状和边缘规整，分布于建成区外围
7	水田		光谱特征为蓝灰和墨绿色，集中分布于研究区北部的微山湖湿地周边
8	道路用地		光谱特征为灰色和深灰色，呈线状和条带状分布

3）选择分类方法

分类方法的选择是遥感影像解译的关键步骤，依据分类特点不同，一般包括目视解译、监督分类和非监督分类。结合研究区现状，选取监督分类法对遥感影像进行解译。根据不同地类的景观特征差异，结合 TM5（R）、TM4（G）、TM3（B）三波段不同组合后的色调、纹理和分布特征确定不同地类的解译标准，通过定义土地分类模板和创建感兴趣区（AOI）来定义和分类训练样本。为保证训练样本的精度，本研究选取 15 个子类来定义和训练样本。由于建设用地和道路用地拥有类似的光谱反射特征，很难利用监督分类进行甄别，故道路用地采用《徐州市城市总体规划（2007—2020）》（2017 修订版）中的 CAD 数据进行栅格化并导入遥感影像中。对于部分不清晰的地物，采用规划类资料结合谷歌地球等进行目视校正解译。在区域范围内均匀选取 30 个控制点（如地标性景观、桥梁、城市边界）进行几何校正（见图4-12）。

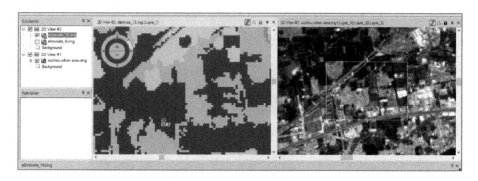

图 4-12　采用随机点对图像进行分类精度评估和几何校正

4）进行分类精度评价

在遥感影像解译的过程中,受影像数据的不确定性、分类算法的局限性和监督分类中人工操作的主观性等因素的影响,分类结果会存在一定程度的误差。采用精度分析对解译结果进行可信度判定。当分类精度不能达到要求时,需要重新修改分类方法,优化分类模板设置,从而提高分类结果的有效性。研究采用 Kappa 系数对精度进行分析,其中 Kappa 系数计算如式(4-1)所示:

$$K = \frac{N \sum_{i=1}^{m} X_{ii} - \sum_{i=1}^{m} (X_{i+} + X_{+i})}{N^2 - \sum_{i=1}^{m} (X_{i+} + X_{+i})} \tag{4-1}$$

式中,K 是 Kappa 系数,m 是误差矩阵行数,X_{ii} 是误差矩阵 i 行 i 列上的分值,X_{i+} 和 X_{+i} 分别是 i 行与 i 列之和,N 是取样点总数。Kappa 系数判定通过的最低水平是达到 80% 以上。经计算,本研究的分类精度为89.66%,达到分类精度要求,分类结果满意。

5）进行分类后处理

在完成遥感影像的解译和精度评价后需要对影像进行分类重编码以实现简化土地利用分类图的目的,避免影响后期的分析应用。分类重编码是对简化结果中各地类的代码、地类名称以及显示颜色等信息进行编辑以便于地理数据库的建立。徐州市最终的土地利用分类结果如图 4-13 所示,不同土地利用数据如表 4-5 所示。

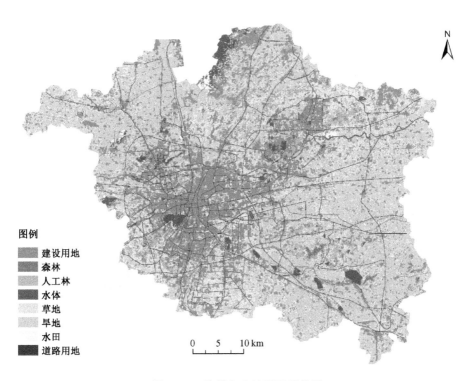

图 4-13 徐州市土地利用现状图

表 4-5 徐州市土地利用数据

土地利用类型	面积/km²	比例/%
建设用地	953.351	30.497
森林	37.560	1.202
人工林	158.706	5.077
水体	117.704	3.765
草地	592.019	18.938
旱地	1 177.960	37.682
水田	17.520	0.560
道路用地	71.264	2.280
合计	3 126.084	100

4.3 基于生态韧性评价的采煤沉陷区 GI 本底要素识别

采煤塌陷地是徐州市 GI 构建和发展的双刃剑。一方面,煤炭开采造成的地表塌陷给城市的可持续发展带来了一系列阻碍:地表塌陷、建筑损毁、设施毁坏、可持续发展受阻。但从另一方面来看,由于黄淮东部地区特殊的气候和地质环境,加之长期处于废弃闲置状态,采煤塌陷地进入生态自我恢复的状态并逐渐形成了许多具有较高生态韧性的生境热点。这些区域可以直接或稍加整治成为城市中的 GI 要素并发挥重要的生态系统服务功能。

不同于城市中的其他 GI 要素,由于采煤塌陷地中的林地、水体、草地等GI 本底要素仅仅通过短时间内的自然演替和自我修复逐渐形成,且无法获得有效的人工养护和土地利用规划的地类保护,与城市中的森林、人工林、草地、河流湖泊相比,采煤塌陷地中的 GI 本底要素体现出显著的生态的脆弱性和景观的不稳定性。因此,仅通过遥感影像难以对采煤沉陷区范围内的 GI 本底要素进行科学有效的甄别。为了提高研究的科学性和精确性,本小节将基于生态韧性的视角提出一种适用于采煤沉陷区的 GI 本底要素识别方法。

4.3.1 理论方法

生态学家 Holling 将韧性引入生态学领域,开启了现代韧性理论研究之路[151]。随后,另一位思想家 Adger 拓展了 Holling 的思想方法,提出生态韧性是系统维持其固有的结构、过程和反馈的同时所吸收干扰的能力[152]。同样对于采煤沉陷区而言,只有避免继续将其与城市生态网络系统割裂,以整体性、系统性的方式去认识采煤沉陷区和 GI 的关系并且将二者视为相互影响和相互依赖的生态系统,才能从根本上缓解和适应采煤沉陷区为城市可持续发展所带来的影响,才能够实现采煤沉陷区的价值,带来积极意义。因此,本研究认为采煤沉陷区纳入城市 GI 要素的前提条件是其范围内的生态斑块应具有较高的生态韧性,即具有较高的生态抵抗能力、生态维系能力、生态联合能力,从而确保生态价值发挥最大生态系统服务效益(图 4-14)。

抵抗能力指采煤沉陷区生态斑块抵御人类活动干扰的能力。在本研究中选取生境质量对抵抗力进行具体测度。生境质量取决于人类活动对栖息地的干扰强度,随着干扰强度的上升,生境质量随之降低[81,156]。生物多样性

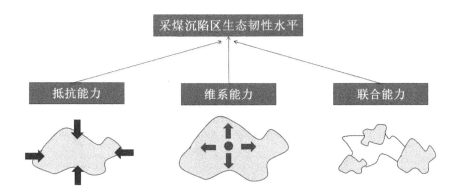

图 4-14　采煤沉陷区斑块生态韧性的测评因素

水平可以很好地反映斑块的维系能力。一般而言,生物多样性水平较高的区域对其性状的稳定性保持能力也越强[28]。因此研究选取生物多样性指数来测定采煤沉陷区斑块的维系能力。最后,采煤沉陷区斑块与斑块之间应能行之有效地融入整个城市的 GI 网络中,通过彼此间的联合力来保证生态系统结构和功能的完整性。景观连通性是指示物种在基质中流动的阻挠程度[26],优良的生态系统连通水平是保证生物多样性和生态系统稳定性的关键因素[28]。

　　生境质量的高低反映斑块抵御人类活动干扰的能力,生物多样性服务价值的高低反映斑块维系自身性状的水平,连通性的高低反映基质系统中能量流和物质流的畅通水平,三个指标对维持 GI 系统稳定性和整体性都具有重要作用,因此将其共同作为采煤沉陷区斑块 GI 要素遴选的评价指标。

4.3.2　数据预处理

　　以解译完成的徐州市土地利用现状图为研究本底,结合《徐州市工矿废弃地复垦利用专项规划》(2017—2020)、《徐州市生态修复专项规划》(2019—2021)中确定的徐州都市区采煤沉陷区范围(图 4-15),使用矢量数据对徐州都市区土地利用现状进行裁切,获得采煤沉陷区范围内的土地利用现状图(图 4-16)。经统计,徐州都市区内共有采煤沉陷区斑块 310 个,分布于九大片区中,面积为 $1.5 \times 10^4 \text{hm}^2$,占研究区面积的比例为 4.8%。

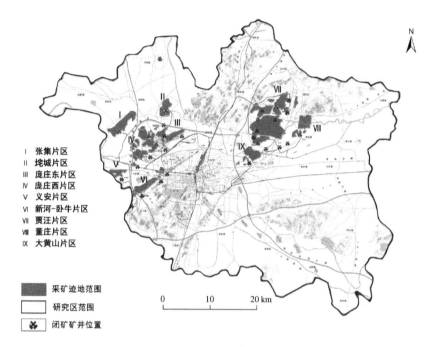

I 张集片区
II 垞城片区
III 庞庄东片区
IV 庞庄西片区
V 义安片区
VI 新河-卧牛片区
VII 贾汪片区
VIII 董庄片区
IX 大黄山片区

采矿迹地范围
研究区范围
闭矿矿井位置

0　　10　　20 km

图 4-15　徐州都市区采煤沉陷区范围

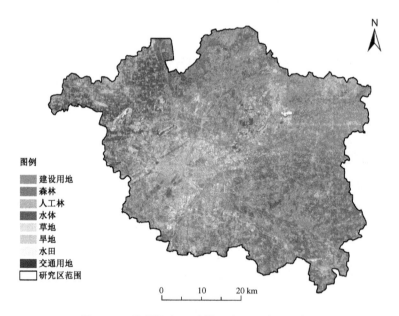

图例
建设用地
森林
人工林
水体
草地
旱地
水田
交通用地
研究区范围

0　　10　　20 km

图 4-16　徐州都市区采煤沉陷区土地利用类型

4.3.3 生态抵抗力分析

1) 实施步骤

生境质量分析模块是 InVEST 模型的分析功能之一。其原理方法是通过分析生境中评价单元受到的各种威胁干扰水平来判定的。因此本研究采用生境质量指标测度采煤沉陷区内斑块的生态抵抗力。在具体的分析计算中,模型需要获取:每种干扰的影响强度、每类生境对于干扰的敏感度、生境评价单元与威胁源的距离,以及土地利用受保护的程度[137]。依据我国国情,假定土地受到法律的良好保护,因此只将前三个要素纳入考虑范畴。

首先需要分别判定生境评价单元和威胁干扰源:选取森林、人工林、农田、旱地、草地、水体为生境类型,将土地利用图以 30 m×30 m 为单元进行栅格化;威胁干扰源数据选取公路、铁路、三类工业用地、历史文化遗迹、重要基础设施、其他建设用地六类因子为威胁干扰因子[153-154],六类因子的矢量数据通过《徐州市城市总体规划(2007—2020)》(2017 年修订版)中的 CAD 数据转换获得。然后通过专家访谈确定威胁源对各类生态用地的最大影响距离,通过 AHP 层次分析法确定危险要素的权重和 5 种生态用地对不同威胁因子的敏感性,如表 4-6 所示。

表 4-6 不同威胁因子的权重和敏感性

威胁因子	公路	铁路	三类工业用地	历史文化遗迹	重要基础设施	其他建设用地
权重	0.60	0.50	1.00	0.55	0.75	0.80
水体	0.55	0.65	1.00	0.50	0.80	0.85
森林	0.70	0.80	1.00	0.65	0.80	0.85
人工林	0.65	0.70	0.90	0.50	0.75	0.80
水田	0.50	0.65	1.00	0.40	0.65	0.75
旱地	0.55	0.60	1.00	0.40	0.55	0.70
草地	0.60	0.70	0.85	0.60	0.75	0.75
最大影响距离/km	0.40	0.50	2.00	1.00	1.50	1.00

采用生境质量指数来表征生境在外界威胁影响下的生物多样性维持状况:

$$Q_{xj} = H_j \left[1 - \left(\frac{D_{xj}^z}{D_{xj}^z + k^z} \right) \right] \tag{4-2}$$

式中,Q_{xj} 是土地利用与土地覆盖(LULC)j 中栅格的生境质量;D_{xj} 是土地利用与土地覆盖或生境类型 j 栅格受到 x 威胁因子的生境威胁水平;k 值为半饱和系数,其值等于栅格单元分辨率大小的一半(景观栅格单元分辨率为 30 m×30 m,故将值设定为 15);z 为比例因子常数,设定为 2.5;H_j 为土地利用与土地覆盖 j 的生境适宜性。

2) 结果分析

评价结果显示,采煤沉陷区的生境质量值在 0.48～0.90 之间波动,斑块的 GI 适宜性差异较大,其中值在 0.7 以上的斑块面积占研究区块总面积的 43.39%(见图 4-17)。分值较高的斑块主要集中在张集片区北部、垞城片区南部、庞庄西片区、义安片区,以及贾汪片区中部。这表明这些区域的采煤沉陷区具有较高的生境质量。而分布于垞城片区中部、大黄山片区南部、贾汪片区北部的采煤沉陷区生境质量块值相对较低,说明其恢复为 GI 的适宜性较低、恢复为 GI 需要投入的成本较高。

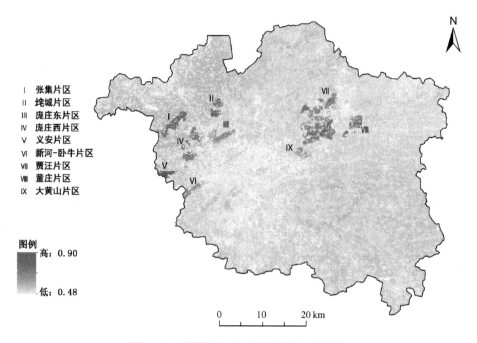

图 4-17 采煤沉陷区生态抵抗力分析结果

4.3.4 生态维系力分析

1）实施步骤

生态系统的维系力即保持自身性状稳定的能力，一般而言生态系统的生物多样性越高则生态稳定性越好。依据中国科学院谢高地教授分别在2002 年、2006 年和 2015 年对中国 700 位具有生态学背景的专业人员进行的问卷调查修正结果，得出了适用于中国的生态系统服务评估单价体系[155]。本研究根据该生物多样性服务当量来进行评估。结合研究区实际情况，森林和人工林分别选取针叶林和针阔混交林的当量因子，计算出森林、人工林、水体、草地、旱地、水田的生物多样性服务价值分别为 1.88、2.60、2.55、1.27、0.13、0.21。因此，从维系生态系统性状的能力来看，人工林和水体最重要，森林比较重要，草地一般，旱地和水田地则不重要。

2）结果分析

徐州都市区采煤沉陷区生物多样性指数在 0.31～2.60 之间（图 4-18）。从总体上来看，义安片区、庞庄西片区和庞庄东片区中部，以及贾汪片区的生物多样性服务水平最高，植被类型多样，植物资源较丰富；张集片区中部、垞城片区南部、大黄山片区次之；张集片区南部和北部、庞庄西片区南部、董

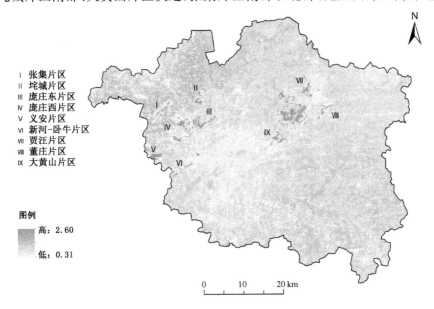

Ⅰ 张集片区
Ⅱ 垞城片区
Ⅲ 庞庄东片区
Ⅳ 庞庄西片区
Ⅴ 义安片区
Ⅵ 新河-卧牛片区
Ⅶ 贾汪片区
Ⅷ 董庄片区
Ⅸ 大黄山片区

图例

高：2.60

低：0.31

0　10　20 km

图 4-18　采煤沉陷区生态维系力分析结果

庄片区最低。总体呈现出东部采煤沉陷区斑块生物多样性服务水平高于西部,尤其集中分布于贾汪中部及东北部。

斑块生态维系力最高的是人工林,主要集中在贾汪片区北部和新河—卧牛片区南部;在采煤沉陷区斑块中,水田和旱地对生态系统的维系能力最低,它们主要分布于张集片区北部、庞庄西片区的北部和西南部,以及董庄片区北部。

4.3.5 生态联合力分析

1) 实施步骤

景观连通度是衡定景观生态过程的重要指标,可对生态斑块间的联合力进行测度。城市化的不断推进以及农业的规模化生产使得野生动植物的栖息地不断萎缩、消亡,全球尺度下的自然生境的消亡已成为生物多样性领域面临的最大挑战[156]。国内外很多学者开始通过景观连通度来研究物种种群的运动特征和尺度关系[26]。提高景观连通度可以促进种群动态和物种扩散,从而减小局域种群的灭绝风险[28]。

将采煤塌陷斑块纳入城市绿色基础设施前后的整体景观连通度的变化,能够反映各采煤塌陷斑块对于维持城市生物多样性的重要性。因此,研究利用 Pascual-Hortal 和 Saura 开发的 Conefor Sensinode 2.6 软件[157],选取可能连通性指数(PC)来表征景观连通度[见式(4-3)]。采煤塌陷斑块维持 GI 景观连通度重要性值(dPC)的计算公式如式(4-4)所示:

$$PC = \frac{\sum\limits_{i=1}^{n} \sum\limits_{j=1}^{n} a_i \times a_j \times P_{ij}^*}{A_L^2} \tag{4-3}$$

$$dPC(\%) = 100 \times \frac{PC - PC_{\text{remove}}}{PC} \tag{4-4}$$

式中,PC 表示连通性指数值;PC_{remove} 是去除某一斑块后的整体连通性指数值;n 表示斑块总数,a_i 和 a_j 分别表示斑块 i 和斑块 j 的面积;A_L 表示研究区面积;P_{ij}^* 是指示物种在 i 斑块和 j 斑块之间的扩散概率。在计算连通度的过程中,"距离"被看作是连通度的度量方式。因此 P_{ij}^* 也可被认为是斑块 i 和斑块 j 之间所有可能路径的最短路径,可通过如下节点距离函数表达:

$$P_{ij} = e^{-k \cdot dij} \tag{4-5}$$

式中，d_{ij} 是斑块 i 和斑块 j 之间的距离；k 是一个常数，用以匹配在计算连通度过程中选取的指示物种[156]。根据研究区物种的丰富度和研究尺度的需要，选取灰喜鹊作为 d_{ij} 计算的指示物种，结合费宜玲的研究成果[158]，设置常数 $k = 0.127$ 以匹配指示物种在 3.2 km 活动半径范围内 0.5 的扩散概率。

2）结果分析

徐州市区采煤塌陷斑块维持景观连通度的重要性值介于 0.02～7.05 之间，但其分布极不均匀（图 4-19）。

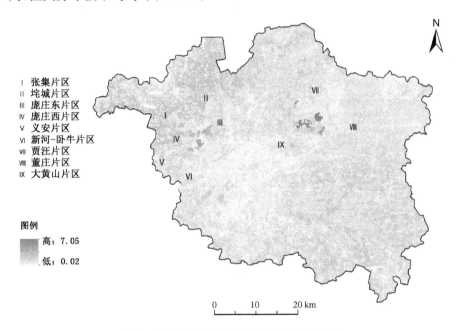

图 4-19 采煤沉陷区生态联合力分析结果

其中，分值在 0.02～0.49 的采煤沉陷区斑块共 147 个，占斑块总数的 47.42%，这些斑块占采煤沉陷区总面积的 15.42%，说明大多数采煤沉陷区斑块间的生态联合力较低；分值在 0.49～0.80 之间的斑块数为 79 个，共占斑块总数的 25.48%，这些斑块地对维持斑块间的生态联合力作用不明显；分值在 0.80～1.40 之间的斑块共 58 个，占斑块总数的 18.71%，这些斑块地对维持城市生态联合力具有一定的作用；分值在 1.40 以上的塌陷斑块仅有 26 块，占斑块总数的 8.39%，共计 4 092.17 hm²，这些斑块集中分布于贾汪片区的中部（潘安湖周边）和东北部（贾汪城区西侧），对于维持采煤沉陷区斑块生态联合力具有非常重要的作用。

4.3.6 叠加结果分析

1) 叠加方法

研究认为上述三个指标在衡量斑块 GI 生态水平时处于同等重要的位置,因此将三者等权重叠加,并进行分级。设定分级的方法一般有人为设定阈值法和自然裂点分级法,考虑人为设定分级的主观性和自然裂点分级法的单目标要素性,因此综合利用这两种方法。研究采用的具体方法为:将指标叠合后的分值进行优先级划分,选取三者结果都在前 20% 的栅格作为第1 级,即纳入 GI 的优先级非常高,该类采煤沉陷区斑块可直接纳入 GI 网络中;选取其中两个结果一个在前 20% 而另一个在 20%~40% 的栅格作为第2 级,即纳入 GI 的优先级高,该类采煤沉陷区斑块稍加整治即可纳入 GI 网络中;选取一个结果在前 20% 另两个在前 20%~40% 的栅格作为第 3 级,即纳入 GI 的优先级中等,该类采煤沉陷区斑块的生态潜力较大,经修复后可发挥一定的生态系统服务功能;选取三者结果都在 20%~40% 的栅格作为第4 级,即纳入 GI 的优先级为一般,这类斑块的生态修复投入较大,不建议纳入GI 网络中;其余为第 5 级,即纳入 GI 的优先级低,不建议纳入 GI 网络。

2) 结果分析

叠合分析后发现,采煤沉陷区生态资源的 GI 要素潜力在空间分布上差异较大(图 4-20)。优先级 1 的区域主要分布于贾汪片区的中部,共计

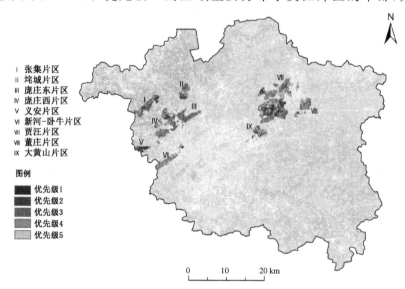

图 4-20 采煤沉陷区斑块纳入 GI 要素的优先级划分

224.82 hm², 占采煤沉陷区总面积的 1.53%。这些区域具有较高的生态韧性, 可直接纳入城市 GI 网络中, 以生态保育为主。优先级 2 的区域主要集中在庞庄东片区的东北部、庞庄西片区的北部, 以及贾汪片区的中南部和大黄山片区的北部。这些区域大都零散化分布于各个片区中, 是 GI 生态恢复的重点区域, 建议恢复为具有限制开发性质的城市开敞空间, 如城市郊野公园、户外运动场地等。优先级 3 的区域占据了最多的面积(4 788.71 hm²)和斑块数量(34.93%), 可恢复为协调生态保护和经济发展的生产性开敞空间, 如恢复为经济型农林用地、可再生能源基地等非建设用地。优先级 4 和优先级 5 的区域分别占到采煤沉陷区面积的 25.77% 和 36.92%。这些斑块的 GI 恢复较大或投入较高, 不适宜恢复为 GI 要素。

结合上文分析, 将叠合评价结果中的优先级 1、优先级 2 和优先级 3 作为采煤沉陷区中的 GI 要素(图 4-21)。这些区域主要分布于义安片区、垞城片区的南部、张集片区的东南部、庞庄西片区的东部, 以及贾汪片区的潘安湖及周边, 共占据采煤沉陷区总面积的 37.32%。这说明徐州都市区采煤沉陷区中近半数的土地资源已具有了较高的生态价值, 应改变采煤沉陷区等同于"废弃地"的先入为主的观念。特殊的地理环境使得黄淮东部煤炭资源型城市的采煤沉陷区具有得天独厚的生态潜力, 是城市生态网络构建中的重要资源。

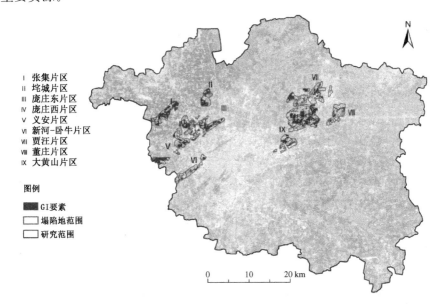

图 4-21　采煤沉陷区中的 GI 要素

4.4 基于 MSPA 法的城市全域 GI 本底要素识别

相对于采煤沉陷区范围内的蓝色和绿色空间，徐州都市区范围内的其他生态空间可以受到土地利用总体规划的良好约束和保护，用地类型稳定，同时各类生态空间能够得到较好的维持和养护，系统韧性较强。在 4.3 小节采煤沉陷区 GI 要素识别的基础上，4.4 节将使用 MSPA 法对都市区范围内 GI 要素进行甄别提取，完成研究区全域的 GI 本底要素识别工作。

4.4.1 MSPA 方法原理

1）理论基础

形态学空间格局分析法（Morphological Spatial Pattern Analysis，MSPA）是数学形态学的一种衍生，是基于腐蚀、膨胀、开启、闭合等数学形态学原理对栅格图像的空间格局进行度量、识别和分割的一种图像处理方法[159]。MSPA 法的基本思路是将需要分析的对象按照"是"和"非"进行二值化处理，用形态学思想去测度和提取图像中的相应性状，并根据性状特征进一步归类[160]。2007 年，彼得·沃格特教授首次提出将 MSPA 法应用于景观连通性的研究中。彼得·沃格特教授基于实证研究，将数学形态学算法与图论学方法有机整合，提出了能够科学识别景观类型和 GI 特征的形态学方法[161]。2009 年，彼得·沃格特教授团队开发出了 Guidos Toolbox 软件，并被应用于欧盟委员会的项目和研究中，标志着 MSPA 法正式成为景观生态学领域的全新方法之一。

近年来，形态学空间格局分析法开始被引入 GI 网络分析中。与传统景观格局指数分析法不同的是，MSPA 法不需要将 GI 的结构要素进行单独提取分析[162]，其能够基于图像本身从象元的层面上识别研究区域内不同 GI 要素类型，并不需要提前对 GI 网络结构要素进行人为的重要性判定或者定级。MSPA 法在国外应用广泛，其研究内容涵盖了城市 GI 的演变[163]、城市 GI 的价值评估[164]，以及城市绿地系统结构研究等方面[165]。相比于国外，我国相关研究起步较晚，2014 年后相关中文文献开始出现。国内学者的关注点包括市域的 GI 网络构建[166-168]、生态格局优化研究[169]，以及 GI 的演变规律研究等[170]。

在具体操作上，使用 Guidos Toolbox 软件的 MSPA 分析功能可将输入

的二值化景观栅格图（前景为 GI 要素，背景为非 GI 要素）依据栅格单元间
欧氏距离阈值识别互无交集的 7 种景观类别（表 4-7），进而进行景观格局分
析和 GI 本底要素识别。

表 4-7 MSPA 要素释义

景观要素	形态学含义	生态学含义
核心区	前景像元与背景像元间的距离大于某个设定参数的像素点的集合	是特定尺度下生态系统的核心"源"地，是区域发挥各类生态系统服务的关键
岛状斑块	面积小于核心区最小阈值且不与其他前景要素相连的像元点集合	是破碎化的小型斑块，彼此之间互不相连且斑块间的物质流和能量流传递的可能性较小
孔隙区	核心区与背景要素间的过渡区域	是核心区和非绿色景观斑块之间的过渡区域，即内部斑块的边缘地带
边缘区	前景像元集合的外部边缘	是核心区外围的非 GI 要素构成的区域，起到缓冲区的作用
桥接区	非核心区像元连接到不少于两个核心区的狭长像元集合	狭长的景观要素，具有 GI 廊道的特征
环岛区	连接同一核心区的狭长像元集合	连接到同一核心区的 GI 廊道
支线	仅有一边与边缘区、桥接区或环道区相接	景观连通度较低的条带状要素

表格来源：整理自参考文献

2）基于 Guidos Toolbox 的 GI 要素识别过程

MSPA 法的分析结果主要受到输入栅格图像的像元尺寸和影响参数设
定的影响。Guidos Toolbox 的运行需要以下面 4 个参数的设定为前提。

（1）前景连通度

像元是 MSPA 法运算的基本单元，对于一个 3×3 像素像元集合来说，
其有两种方式连接到周边的相邻像素：①像元集合的边界和像元角与相邻
像素共用（八邻域结构）；②像元集合与相邻像素只有一个公共边界（四邻域
结构）。与之对应的处理结果也不同。图 4-22 展示了八邻域结构和四邻域

结构对应的输出结果。

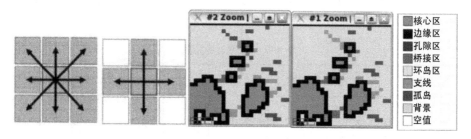

图 4-22　八邻域结构和四邻域结构对应的输出结果

图片来源：作者改绘自《MSPA GUIDE》：P. Vogt & K. Riitters，2017；GuidosToolbox：universal digital image object analysis. European Journal of Remote Sensing (TEJR).

（2）边缘宽度

边缘宽度的计算方式是将边缘区要素内的像素量乘图像分辨率，以欧式半径进行图像表达。举例来说，如果想得到 120 m 宽度的边界，且输入的土地利用数据的空间分辨率为 30 m×30 m，则需要设置边缘宽度为 4。图 4-23 分别展示了边缘宽度设置为 1、3、9 时的运算结果。当增加边缘宽度后，其将挤占基质内其他要素的区域和功能。

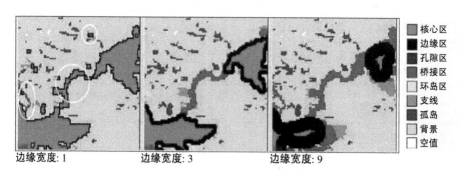

边缘宽度：1　　　　边缘宽度：3　　　　边缘宽度：9

图 4-23　边缘宽度设置对比图

图片来源：作者改绘自《MSPA GUIDE》：P. Vogt & K. Riitters，2017；GuidosToolbox：universal digital image object analysis. European Journal of Remote Sensing (TEJR).

（3）过渡像元参数

过渡像元指核心区、桥接区、环岛区要素在相交时产生的孔隙和边缘区。如果将过渡像元参数设置为 0，那么孔隙区和边缘区将不会出现。如图 4-24 所示，在 MSPA 模型中，过渡像元参数默认设置为 1。

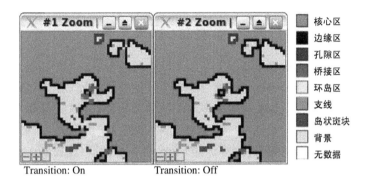

核心区
边缘区
孔隙区
桥接区
环岛区
支线
岛状斑块
背景
无数据

Transition: On　　　　Transition: Off

图 4-24　过渡像元参数设置示意图

图片来源：作者改绘自《MSPA GUIDE》；P. Vogt & K. Riitters，2017；GuidosToolbox：universal digital image object analysis. European Journal of Remote Sensing (TEJR).

（4）读写参数

当读写参数设置为"1"时，输出结果将会区分内部和外部特征，并在 7 类不同的基本分类基础上增加一个图层，当设置为"0"时，内外部元素在相同的图层。

读写参数的设置是为了区分被孔隙区所分割开来的内部要素和外部要素。读写参数可以设置为 0 或 1。在默认状态下其被设置为 1。当设置为 0 时，内部要素和外部要素出现在同一图层中；当设置为 1 时，会增加一类新的图层用以区分孔隙区内部和外部要素的特征，如图 4-25 所示。

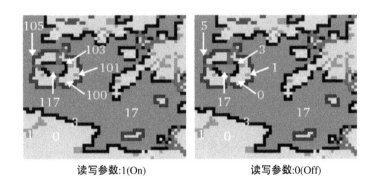

读写参数:1(On)　　　　读写参数:0(Off)

图 4-25　读写参数设置对比图

图片来源：作者改绘自《MSPA GUIDE》；P. Vogt & K. Riitters，2017；GuidosToolbox：universal digital image object analysis. European Journal of Remote Sensing (TEJR).

4.4.2 实施步骤

1) 土地利用二值化处理

根据 Guidos Toolbox 操作要求,首先需要对解译完成的遥感图像进行二值化处理。将 8 类土地利用类型进一步划分为 GI 要素类与非 GI 要素类两大类,其中森林、人工林、水体、草地为 GI 要素,并设定为 GI 要素中栅格图像的前景(2 Byte),建设用地、道路、旱地和水田为非 GI 要素,设定为二值化栅格图像的背景(1 Byte)。上述操作可通过 ArcGIS 10.2"空间分析模块"中的"重分类"功能得以实现(见图 4-26)。

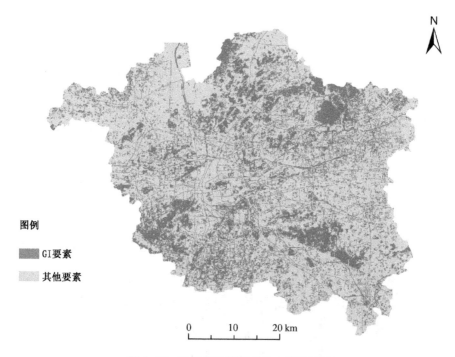

图 4-26 二值化处理完成的土地利用图

这里需要说明的是,本研究将旱地和水田划定为非 GI 要素,主要是出于以下两点考虑:一是因为本研究主要从生态系统的支持服务、调节服务和文化服务出发,未考虑供给服务,这主要是由于粮食木材等产品的供给主要受到市场经济和国家调控的影响,本底生产的作物不能保证做到自产自销;

二是因为农田由于轮作原因地表覆盖类型变化极大,且受到人为干扰极大,生态系统的韧性较差,无法提供较为稳定和规律化的生态系统供给服务,故将其归为非 GI 要素一类。

　　2) GI 识别要素叠加

　　在完成了采煤沉陷区范围内 GI 要素识别和城市中其他 GI 要素的识别后,将二者进行叠加融合,将采煤沉陷区范围内的 GI 和非 GI 要素进行重分类,并镶嵌到二值化的栅格图中,从而完成研究区全域的 GI 要素识别(见图 4-27)。上述分析可通过 ArcGIS 10.2 中的"重分类""栅格计算器""镶嵌至新栅格"综合实现。

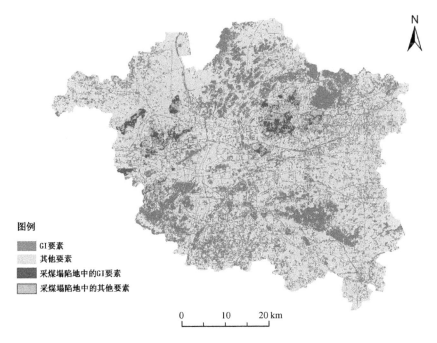

图例
- GI 要素
- 其他要素
- 采煤塌陷地中的GI要素
- 采煤塌陷地中的其他要素

0　　10　　20 km

图 4-27　研究区 GI 要素二值化栅格图

　　经过叠加后,研究区共计获得 GI 要素与非 GI 要素斑块 20 708 个。为了减少后续计算的冗余,我们将研究区内 GI 要素面积小于 1 hm² 的斑块进行删除。这些小型破碎化的斑块对城市整体的生态格局和生态系统服务供给的影响不大。经过处理后,剔除面积小于 1 hm² 的斑块 9 286 个,面积为 2 583.54 hm²,占总 GI 要素斑块的面积比重为 2.815%。最终共计得到 GI 要素与非 GI 要素斑块 11 422 个,其中 GI 要素斑块 6 048 个。

3) 全域斑块要素识别

基于二值化的研究区土地利用覆盖图,使用 ArcGIS 10.2 的"重采样"以及"镶嵌至栅格"功能将栅格数据转换为 30 m×30 m 分辨率,相位深度 8 bit。之后,将其导入 Guidos Toolbox 进行 MSPA 分析(见图 4-28)。

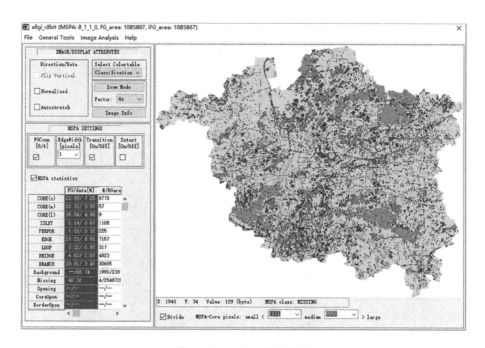

图 4-28　MSPA 处理结果

核心区生态系统的核心"源"地,是区域发挥各类生态系统服务的关键。在本研究中主要将核心区进行进一步提取来作为 GI 系统的斑块要素。根据核心区的面积,将面积大于 500 hm² 的斑块定义为一级斑块、面积在 100~500 hm² 之间的定义为二级斑块、面积小于 100 hm² 的斑块定义为三级斑块。

4.4.3　识别结果分析

根据 MSPA 分析结果可知,徐州都市区 GI 斑块总面积为 44 652.16 hm²,占市区总面积的 12.27%。在空间格局上,这些斑块主要集中分布于研究区的北部和南部,零星分布于西部,东部分布较少(见图 4-29)。

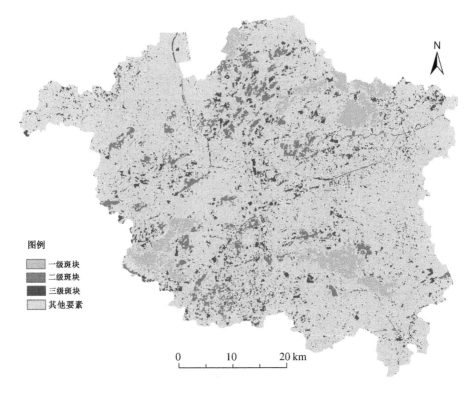

图例
一级斑块
二级斑块
三级斑块
其他要素

0   10   20 km

图 4-29 徐州都市区 GI 斑块要素分布

徐州都市区范围内 GI 各组分的地类组成见表 4-8。其中，一级斑块 11 个，面积为 12 451.84 hm²，占到全部 GI 要素面积的 27.89%。在用地构成上主要由人工林和草地组成。一级斑块主要分布于四个区域：研究区北部的微山湖湿地保护区的东北部分、研究区东北部的大洞山自然保护区、研究区西南部的云龙湖风景名胜区南部，以及研究区东南部的吕梁山风景旅游区。二级斑块共计 52 个，面积为 10 318.84 hm²，占到全部 GI 要素面积的 23.11%，在用地构成上主要由人工林、草地和水体组成。在空间布局方面，二级斑块主要呈现为"两区一带"式的分布格局。其中"北部区"集中分布于城市的北部山体森林公园和潘安湖湿地。"南部区"主要体现为云龙湖斑块、汉王公益林斑块。中部一带呈现自西北向东南的条带式分布，主要包括九里湖、桃花源湿地、九里山、杨山、大龙湖、大湖水库，以及城南山地公园等 GI 斑块要素。三级斑块共计 9 291 个，面积为 21 881.48 hm²。这些斑块零星分布于整个研究区中，并主要集中在研究区的中北部和中南部，在用地构成上以人工林和水体居多。

表 4-8　徐州都市区范围内 GI 各组分的地类组成

斑块类别		森林	人工林	水体	草地	合计
一级斑块	面积/hm²	1 148.15	5 576.48	1 785.24	3 941.97	12 451.84
	面积比	0.03	0.12	0.04	0.09	0.27
二级斑块	面积/hm²	822.83	3 873.87	2 649.49	2 972.65	10 318.84
	面积比	0.02	0.08	0.06	0.07	0.23
三级斑块	面积/hm²	834.21	2 938.96	2 407.14	15 701.17	21 881.48
	面积比	0.02	0.06	0.05	0.34	0.48
合计	面积/hm²	2 805.19	12 389.31	6 841.87	22 615.79	44 652.16
	面积比	0.06	0.27	0.15	0.50	0.98

注："面积比"表示各类 GI 组分占所有 GI 要素面积的比重。这里需要说明的是合计部分的"面积比"不为 1 是因为在 GI 要素筛选的过程中删除了面积小于 1 hm² 的斑块,具体处理过程详见 4.4.2 节。

　　与 4.4 小节中识别的 GI 要素相比,经 MSPA 法筛选后,采煤沉陷区 GI 要素的总面积从 5 596.50 hm² 减小到 2 692.00 hm²。这一方面是由对面积小于 1 hm² 的破碎化 GI 要素删减造成的,另一方面是因为 4.4 小节中识别的 GI 要素是将采煤沉陷区作为一系统来考虑的,而 MSPA 分析则是将 4.4 小节中初选的采煤沉陷区 GI 要素纳入都市区系统进行分析,会对 GI 系统贡献较低的 GI 要素进行进一步筛选和删减。

　　如图 4-30 所示,不同于都市区的 GI 要素组分构成,采煤沉陷区范围内的水体要素占到了采煤沉陷区总面积的 12%,体现了绝对的优势。森林和人工林组分分别占到了采煤沉陷区总面积的 3%,草地的占比最低,为 1%。因此,采煤沉陷造成的区域性积水是采煤沉陷区 GI 要素的构成基础,也是进行 GI 生态修复的重点目标。

图 4-30　采煤沉陷区范围内 GI 要素的组分构成

由图 4-31 可知,采煤沉陷区 GI 斑块主要分布于张集片区、义安片区、九里片区和贾汪片区。这主要是由于上述片区内水体资源(废黄河湿地、桃花源湿地、九里湖塌陷湿地、潘安湖塌陷湿地)对 GI 要素的甄选识别起到了绝对的贡献作用。

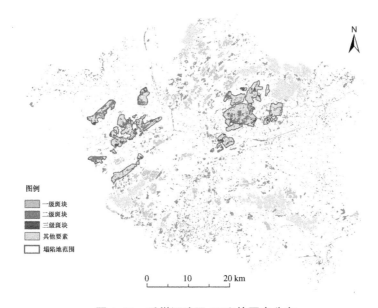

图 4-31 采煤沉陷区 GI 斑块要素分布

5 基于生态系统服务需求的 GI 构建优先级评价

本章内容是研究的核心章节,阐述了基于生态系统服务的 GI 构建优先级评价方法。根据前文的分析可知,GI 规划的终极目标是实现城市生态系统服务的最优[141],而 GI 的结构和格局又决定了其生态系统服务供给的水平[171]。因此,是否可以尝试用逆向思维方式,首先去思考在何处更需要何种生态系统服务,进而根据生态系统服务需求来判断 GI 的构建优先级,结合当地的 GI 资源禀赋,一并作为 GI 构建选址的依据。根据这一思路,研究设计了适用于黄淮东部地区煤炭资源型城市的 GI 构建优先级指标体系,以城市行政区划为单元,分别评价了生态系统调节服务、支持服务、文化服务和综合服务需求下的 GI 构建优先级水平,为 GI 构建提供选址依据。

5.1 资源型城市 GI 构建优先级评价指标体系设计

5.1.1 评价指标选取

GI 构建需求评价的指标选取是建立在生态系统服务评价体系之上的,但是由前文对生态系统服务内容研究可以发现,该指标系统包含内容十分广泛、细节众多,所含指标各不相同,因此在指标选取上不可能做到面面俱到,需要对指标进行筛选。因此在指标的选择上需要结合黄淮东部地区煤炭资源型城市 GI 的特征、城市所面临的生态问题,同时要考虑到指标的获取和测算的普适性。本研究在进行生态系统服务测算和指标的选取时主要遵循以下三点原则:首先,选取的生态系统服务指标要同时考虑到黄淮东部地区煤炭资源型城市和城市内采煤沉陷区的生态结构和功能特征。其次,指标测算数据要易于获取或可通过遥感影像数据获得以体现方法的普适性。最后,指标体系最终将以图示化表达以服务于 GI 构建。综合以上,研究选取了调节服务需求中的雨洪管理需求、城市热岛效应缓解需求,支持服务需求中的生物多样性需求、环境固碳需求,以及文化服务需求中的绿地可

达性需求和景观质量需求作为 GI 构建需求评价的指标因子。具体理由
如下：

（1）城市雨洪管理需求。黄淮东部地区属暖温带季风性气候和温带半
湿润季风区交替控制的区域，降雨多集中于春夏两季，夏季多暴雨。加之很
多城市常年面临黄河、海河、淮河水位上涨的风险，城市不断蔓延增长，地表
不透水面比重越来越大，进而阻碍了雨水下渗，城市的市政排水系统难以应
对暴雨的侵袭，导致城市内经常产生积水灾害[24]。城市内大范围的积水不
仅会造成交通方面的问题，对本来就日益拥堵的城市交通带来更大的负担，
严重的还会对人身安全和财产安全带来不利影响。所以加强城市雨洪调节
能力对于提高城市韧性和人居环境意义重大。对于煤炭资源型城市而言，
修复后的采煤沉陷区能有效提高区域的蓄水能力，在调蓄洪峰的同时也能
降低景观破碎度，进一步提升斑块间的水体交换能力[117]。

近年来，以水敏性城市、海绵城市为代表的 GI 发展理念开始作为市政
管网等灰色基础设施的补充以共同解决城市雨水问题。虽然 GI 在功能上
无法完全取代城市中的市政基础设施，但合理科学的 GI 设计规划能够有效
缓解市政基础设施的负担[172]。

（2）城市热岛效应缓解需求。随着人类活动强度的日益增大，以化石燃
料燃烧和温室气体排放为特征的全球工业化发展在短期内难以改变，全球
气候变暖和局部气候异常将成为未来一段时期的常态[85]。特别是对于煤炭
资源型城市而言，以煤炭产业链为核心的重工业发展主导模式更是加剧了
城市热岛效应的风险，而城市中的 GI 可以有效缓解城市的高温状态[87]。一
方面，GI 的绿色空间在固碳释氧过程中能够有效吸收温室气体，蒸腾作用也
可降低局部温度。另一方面，GI 网络形成的清风廊道能够有效疏导城市气
流，改善城市气候[88]。

（3）城市固碳需求。由全球气候变暖导致的一系列可持续发展困境是
世界各个国家面临的普遍问题。其中很大一部分原因来自自工业革命以来
的持续性化石燃料的燃烧和过度的毁林开荒，进而导致人类活动带来的碳
排放强度超过了自然生态系统本身的固碳速率，最终导致一系列的生态环
境问题[30]。特别是对于煤炭资源型城市而言，城市生态环境的破坏不仅来
自煤炭资源的开采，还包括大量坑口电站发电造成的温室气体排放[89]。区
域气候的变迁将直接导致城市热岛效应的增强，并间接影响到城市的生境
质量和生物多样性[90]。厘清城市的固碳水平将有助于改善城市的气候并提
升支持服务的发挥。

（4）城市生物多样性需求。人类在地球上可以长久生存下去所依赖的不仅是空气、水等非生物成分，更重要的是多种多样的生物资源及其与环境所构成的有机整体。生物多样性不仅在自然科学方面有着不可替代的作用，在社会科学的范畴中也不可或缺，其通过各种方式影响城市的可持续发展。但是在煤炭资源型城市中，采煤行业的发展严重破坏了生态环境的完整性，粗放式的工业发展方式严重影响了生物的多样性[80]。煤炭资源的开采和工业广场的建设直接破坏了原生物种的栖息地和迁移路径，而采煤沉陷造成的地表损毁又进一步破坏了生境的质量和稳定性，造成物种被迫迁徙[81-82]。城市生物多样性状态的健康稳定是城市生态系统服务可持续性供给的基础。加强城市中的生物多样性保护对城市的自然、经济、社会、伦理、文化等方面都具有重要意义。

（5）城市绿地可达性和景观质量需求。文化服务是生态系统服务分类中的特殊类型，在促进城市居民的身心健康方面起着极为直接的作用[39]。城市居民在自然中的休闲游憩可以获得多种综合效益，如减轻工作生活压力，促进身心健康，提升幸福感和满足感等[44]；同时也有利于促进邻里关系、增强社区集体荣誉感和认同感等[45]。黄淮东部地区是我国城市化水平较高、工业基础较好的地区。随着城市化进程的不断加快，原本位于城乡结合地带的煤矿也渐渐从市域被纳入市区范围。采矿迹地也常被开发为湿地公园、农家乐、垂钓中心，以及主题公园等。随着私家车的普及，这些区域也承担了城市 GI 中的文化服务功能，为市民提供了新型休闲游憩空间。

综合以上，如表 5-1 所示，研究选取了调节服务中的雨洪管理、城市热岛效应缓解，支持服务中的生物多样性、环境固碳，以及文化服务中的绿地可达性和景观质量作为 GI 构建优先级评价因子。

5.1.2　评价单元划定

不同于调节服务、支持服务生态系统服务评价因子，GI 文化服务评价因子以人的需求为表征对象，以市民的主观感受为依据，因此评价单元的选择需要便于统计区域的人口数量。为了统一量纲，研究以徐州主城区片区和主城区外的中心镇范围作为评价单元以便同时照顾到调节服务、支持服务和文化服务评价因子的特征，同时也便于后期构建方案的制定和实施。主城区和乡镇的边界数据来自 2017 修订版的《徐州市城市总体规划（2007—2020）》，各评价单元的人口数据来自《徐州统计年鉴（2019）》。相关数据经 ArcGIS 矢量化并建立数据库。

　　徐州都市区共划分为 34 个评价单元(图 5-1),包括主城区 8 个片区和铜山区、贾汪区境内的 26 个镇,总人口共计 398.67 万人。其中主城区的老城中心、九里山片区、坝山片区、新城片区、翟山片区、城东片区和贾汪片区人口共计 245.32 万人,占都市区总人口数的 61.53%,是人口的聚集区也是 GI 规划构建的重点区域。

图 5-1　GI 构建需求评价单元

5.1.3　评价体系构建

　　多种需求与动态性是 GI 规划构建的两个重要特征,但目前国内外的 GI 规划研究和实践多是从单一保护目标出发,往往只考虑个别因素,这导致选址缺乏宏观规划,GI 并没有建在最能发挥作用的地方[5]。在指标权重确定方面,较少使用利益相关者评估权重。

　　面对上述问题,研究根据上文选取的评价指标设计了煤炭资源型城市 GI 构建优先级评价指标体系(表 5-1)。其中一级指标包括调节、支持和文化等三方面生态系统服务需求类型。二级指标是各生态系统服务需求类型中特定的评价指标因子,包括了调节服务需求下的雨洪管理、城市热岛效应缓解,支持服务需求下的环境固碳、生物多样性,文化服务需求下的绿地可达性、景观质量。

表 5-1　煤炭资源型城市 GI 构建优先级评价指标体系

一级指标	二级指标	表征方法	数据来源	应对问题
调节服务需求	雨洪管理	综合径流系数	土地利用数据、DEM 数据、评价单元面积	暴雨洪水危害
	城市热岛效应缓解	单窗地表温度反演	TM 数据、MODIS 数据、土地利用数据,评价单元面积	城市热岛效应
支持服务需求	环境固碳	InVEST 碳汇水平	地上、地下、土壤的碳库数据,评价单元面积	区域气候变迁
	生物多样性	生物多样性当量因子	植被生物多样性当量因子、土地利用数据、评价单元面积	生物多样性丧失
文化服务需求	绿地可达性	可达性指数	公园绿地的位置、大小和服务半径、人口、评价单元面积	游憩功能丧失
	景观质量	景观质量得分	景区的评分和游览人数、评价单元面积	游憩体验不足

在二级指标的计算方法上,分别选取综合径流系数、单窗地表温度反演、生物多样性当量因子、InVEST 碳汇水平、可达性指数、景观质量得分来表征 6 个二级评价指标(见表 5-1)。在完成二级评价指标计算后,使用自然断点法将评价结果分为 6 级,通过问卷调查的方式进一步判定上述 6 个二级指标的相对重要性。最后使用叠加法分析获得城市 GI 构建优先级评价的最终结果(图 5-2)。

基于生态系统服务的 GI 构建优先级评价可以用来识别城市 GI 需求的优先区域,促进生态系统服务效益的公平分配,达到多类生态系统服务类型的供给最优,评价结果也可作为城市 GI 构建和生态空间规划的决策依据。

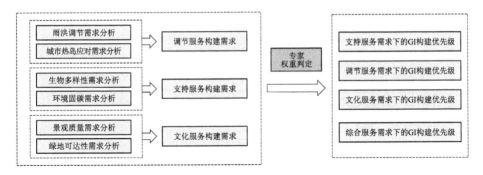

图 5-2 基于生态系统服务的 GI 构建优先级评价流程图

5.1.4 基于问卷的 GI 构建优先级权重判定

1) 问卷设计与发放

GI 规划构建非常强调多利益主体的共同参与,通过调查问卷的发放可以高效收集不同利益相关者对 GI 功能的诉求,使得规划结果更具科学性。为了进一步了解不同利益相关者对不同生态系统服务构建需求的看法和重要性认知,研究使用问卷调查的方法来了解不同学科背景的专家们的看法,从而进一步修正不同类别的 GI 构建需求水平。

研究使用了问卷星平台进行问卷设计和发放(图 5-3)。共选取了徐州市 16 位专家进行填写打分,涵盖了学术背景为城市规划、城市管理、人文地理学、自然地理学、生态学、建筑学的科研工作者和大学教师,以及任职于政府规划部门、环保部门和管理部门的相关专家。

问卷依据层次分析法设计,目的在于分别获取调节服务需求(比较"雨洪管理"和"城市热岛效应缓解")、支持服务需求(比较"环境固碳能力"和"生物多样性水平")和文化服务需求(比较"绿地可达性"和"景观质量")下 2 个同类型子指标的相对重要性,以及 6 个子指标间的重要性。在具体操作上需要对同一层次的影响因素重要性进行两两比较。衡量标准划分为 5 个等级,对应 5 个数值,分别是 9—极端重要、7—非常重要、5—明显重要、3—稍微重要、1—同等重要。靠近 A 表示 A 因素重要于 B 因素,靠近 B 表示 B 因素重要于 A 因素。调查问卷具体见附录三。

2) 调节、支持和文化服务需求下的权重判定

为了获得调节服务、支持服务、文化服务需求下的权重优先级判定结果,需要分别对洪涝缓解需求—热岛应对需求、生物多样性需求—环境固碳

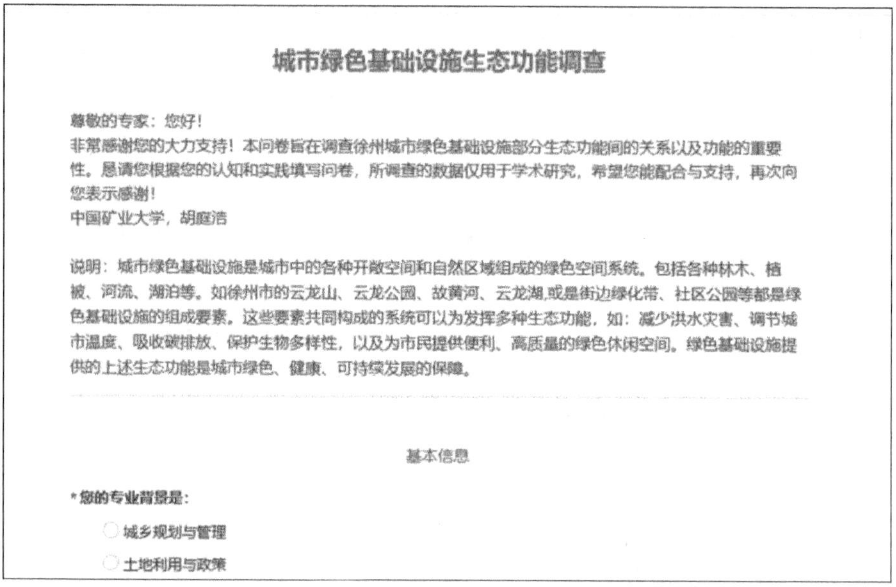

城市绿色基础设施生态功能调查

尊敬的专家：您好！
非常感谢您的大力支持！本问卷旨在调查徐州城市绿色基础设施部分生态功能间的关系以及功能的重要性。恳请您根据您的认知和实践填写问卷，所调查的数据仅用于学术研究，希望您能配合与支持，再次向您表示感谢！
中国矿业大学，胡庭浩

说明：城市绿色基础设施是城市中的各种开敞空间和自然区域组成的绿色空间系统。包括各种林木、植被、河流、湖泊等。如徐州市的云龙山、云龙公园、故黄河、云龙湖,或是街边绿化带、社区公园等都是绿色基础设施的组成要素。这些要素共同构成的系统可以为发挥多种生态功能，如：减少洪水灾害、调节城市温度、吸收碳排放、保护生物多样性，以及为市民提供便利、高质量的绿色休闲空间。绿色基础设施提供的上述生态功能是城市绿色、健康、可持续发展的保障。

基本信息

*您的专业背景是：

○ 城乡规划与管理

○ 土地利用与政策

图 5-3　调查问卷的发放界面

需求、绿地可达性需求—景观质量需求三对指标分别进行权重判定。由于问卷在设计上根据层次分析法将两两指标间的相对重要性划分为 9 个等级，因此可根据两指标间的重要性评价等级按照每级 0.125 进行等量划分，进而进行权重的间接判定。举例来说，在比较指标 A 和指标 B 时，若两个指标同等重要，则二者的相对权重设置为 0.5；若指标 A 相对于指标 B 稍微重要，则指标 A 相对于指标 B 的权重为 0.625，反之则为0.375。以此类推，分别得到 16 位专家对不同服务导向下的两指标的相对权重，并计算平均值，获得调节、支持和文化服务需求下的优先级权重计算结果(表 5-2)。

表 5-2　调节、支持和文化服务需求下的权重优先级判定

服务类别	调节服务		支持服务		文化服务	
服务指标	洪涝缓解需求	热岛应对需求	生物多样性需求	环境固碳需求	绿地可达性需求	景观质量需求
权重	0.476 6	0.523 4	0.515 6	0.484 4	0.500 0	0.500 0

3）综合服务需求下的权重判定

在本节中将根据层次分析法的一般流程，首先根据前一章的理论与实践分析，按照不同的 GI 规划服务需求，建立多利益主体 GI 构建需求指标体系的初始概念模型。由于本研究中的指标较为简单，通过初轮专家调查后认为初始模型不需要进行修正，所以问卷将根据概念模型进行设计。通过发放问卷，邀请来自不同背景的相关专家对同一指标两两比较后进行打分，并将所得到的各专家所打分数集建立成为可计算的判断矩阵。为得到科学的结论，需要对判断矩阵进行一致性检验，检验通过后进行运算求解，得到单个专家的权重打分，然后运用几何平均法，最终得到综合权重。

5.2   调节服务需求下的 GI 构建优先级评价

5.2.1   雨洪管理需求评价

1）评价方法

随着我国城镇化进程的不断推进，城市的地表下垫面性质不断发生变化，不透水层面积在城市中的比例持续上升[173]，严重影响了自然生态系统的物质循环过程，城市内涝频发。土地利用现状是决定城市水文循环的关键因素之一，其可以拦截降水和径流，改变地表蒸发量、下渗率，进而影响城市水文的循环过程，使城市蓝色空间在时空和质量上都发生显著变化[174]。城市中人类活动的不断增强不可避免地会对地表下垫面造成原有格局的破坏，如毁林开荒、过度开垦等都会造成水土流失、生境退化，甚至引发地质灾害。因此，研究城市土地利用性质和雨洪径流的关系对了解城市 GI 构建需求，确定构建方式和构建时序具有重要意义。

为了确定 GI 构建的雨洪管理需求优先级，使用区域综合径流系数对其进行测度。研究认为区域综合径流系数由不同地表下垫面的地表下渗系数和坡度共同决定。综合径流系数越大，则说明地表径流和雨水越不容易渗透至下垫面，简单来说就是更加容易造成积水甚至内涝，导致雨洪管理难度加大。因此在雨洪管理需求的优先级评价中，综合径流系数越大，管理难度越大，需求度也就越高，所以列为高优先级区。研究综合考虑了土地利用类型、合理化径流系数、坡度三个影响因素，通过综合叠加的方式获得评价结果（图 5-4），进而确定 GI 构建的雨洪管理需求优先级。

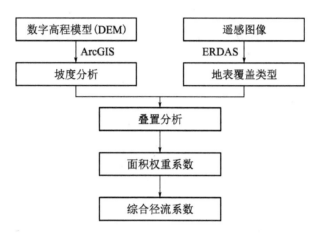

图 5-4 雨洪管理需求评价技术路线图

2) 遥感图像预处理

不同土地利用类型的透水性是影响径流系数的关键因素之一。以4.3小节中解译完成的徐州都市区土地利用类型为基础数据,将原八类土地利用类型按照透水性进行地类的重新划分:把"建设用地"和"道路"合并为"不透水地",把"森林"和"人工林"合并为"多林地形",把"旱地"和"水田"合并为"农田","草地"和"水体"的地类性质不变。重新划分后得到新的五类土地利用类型见表5-3和图5-5。

表 5-3 依据透水性重新划分的新土地利用类型表

原始地类		划分后的新地类	
用地类型	原地类编号	用地类型	新地类编号
建设用地	1	不透水地	1
道路	8		
森林	2	多林地形	2
人工林	3		
草地	5	草地	3
旱地	6	农田	4
水田	7		
水体	4	水体	5

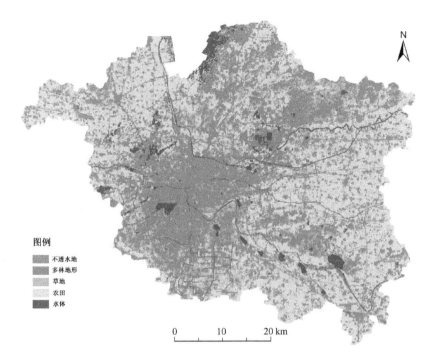

图例

不透水地
多林地形
草地
农田
水体

0   10   20 km

图 5-5 依据透水性重新划分的新土地利用类型图

3）基于 DEM 数据的坡度分析

除地表下垫面性质外,综合径流系数也与坡度息息相关。一般来看,在其他条件不变的前提下坡度越大,水体下渗水平越低,径流系数也越大,反之则径流系数越小。研究区坡度分析原始数据来自 ASTER GDEM 高程数据影像。相关数据资料下载自地理空间数据云,分辨率为 30 m×30 m。选取两景条带号为 116—34 和 117—34 的两景 DEM 数据。由于研究区域为两景数据的重合处,需要对两景数据进行拼接。使用 ArcGIS ArcToolBox 中的栅格镶嵌工具,将两景数据进行拼接并定义栅格数据的空间参考以及像元深度等;完成拼接后,使用 ArcGIS ArcToolBox 工具箱中的提取分析工具,结合研究区域的矢量边界进行研究区 DEM 数据的提取。

坡度分析可通过 ArcGIS 的空间分析功能实现,首先输入 DEM 高程栅格数据,其次进行坡度转换,最后使用 ArcGIS 水文处理模块进行洼地计算、洼地填充生成无填洼 DEM 高程影像,见图 5-6。

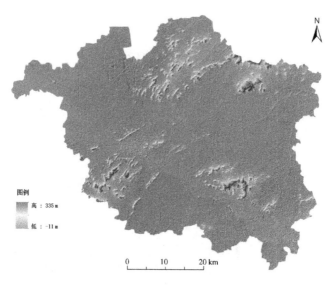

图 5-6　研究区 DEM 高程影像

4）径流系数计算

根据《场地规划与设计手册》中不同土地利用覆盖类型的陡坡地、起伏地、平坦地的不同下渗系数，修改坡度区间为<2％、2％～7％、>7％三类并与之对应[175]（见图 5-7）。

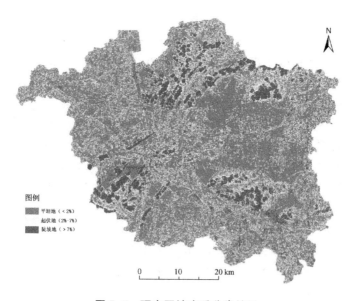

图 5-7　研究区坡度重分类结果

接着需要对不同透水性的地表覆盖结果和坡度分析结果进行叠加分析。叠加分析是将同样范围和同样坐标系下的不同主题的图层进行叠加，从而生成具有原来多个图层要素属性的新图层。研究将上文分析的坡度结果与土地利用类型进行叠加，实现不同地表类型的坡度再划分。接着将重新分类的用地类型与处理完毕的坡度结果，以及合理化的径流系数进行叠加分析，得到新的 15 类用地类型，见图 5-8。

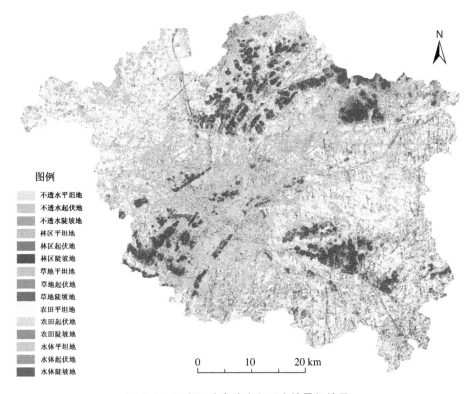

图 5-8 研究区地类坡度和透水性叠加结果

5）片区综合径流系数计算

研究提出了一种片区综合径流系数的计算方式：根据研究区不同下垫面的坡度分类，将单一下垫面类型的径流系数按面积加权计算得到片区综合径流系数，其计算方法如式(5-1)：

$$\Psi = \frac{\sum_{i=1}^{n} S_i \Psi_i}{S} \tag{5-1}$$

式中,$\varPsi$ 为片区综合径流系数;S_i 为 i 类地类的面积;$\varPsi_i$ 为 i 类地类的径流系数;S 为片区面积;i 为地类编号。依此,分别计算研究区范围内 34 个片区的径流系数,按照自然断点法进行 6 级划分,得到 GI 雨洪调控需求优先级,见图 5-9。

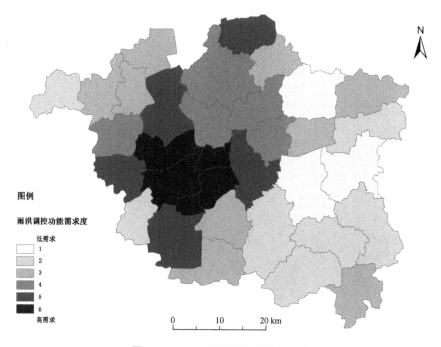

图 5-9　GI 雨洪调控需求优先级图

6）评价结果

片区综合径流系数可以直观地反映相应区域对雨洪调控功能的需求程度,片区综合径流系数得分越高则需求程度也越大。结合图 5-9 分析可知,雨洪调控功能需求最高的片区为金山桥片区、老城片区、翟山片区、坝山片区和九里山片区。其中金山桥片区的得分最高,达到了 0.86。由于金山桥片区是徐州市重要的经济技术开发区和主要的工业区,主要发展工程机械、钢铁和物流等产业,致使该片区的不透水下垫面比例高,生态建设水平低,进而导致雨洪调控水平较差。最高需求区的其他四个片区皆位于徐州市主城区范围内,这些地区人口密集、建设用地比例和人类活动干扰强度都很高,也是雨洪调节需求的重要片区。雨洪调控的高需求区大都紧邻徐州市主城区范围外,也是城市化水平和开发程度较高的区域。虽然利国镇位于城市主城区外围,但由于该片区全是国内有名的富铁矿产地,已形成了以钢铁产业体系为核心的工业化城镇,城市下垫面透水性较差,GI 雨洪调控需求等级也处于较高水平。需要注意的是,新城中心片区在雨洪调控需求方面处于较低的水平。虽然该片区的城市化水平较高,但由于其规划理念较新,在规划目标和理念上很好地平衡了保护和发展的关系,因此该片区对雨洪调控的需求不高。同样,传统煤炭基地贾汪片区在采煤塌陷地修复和自然保护区建设方面持续努力并已取得了瞩目的成绩,因此该片区对雨洪调节的需求也不高。从整体上来看,徐州都市区 GI 雨洪调控构建需求呈现出西高东低,主城区高、外围低的基本格局。

5.2.2 热岛效应缓解需求评价

1)评价方法

在城市化日益加快的背景下,研究城市尺度的热环境和 GI 网络的关系有利于发现城市热岛效应分布情况并探究缓解方式。城市热岛效应的加剧将会直接或间接地导致人居环境受损:一方面,热岛效应会导致污染物在热岛上空聚集,诱发呼吸系统疾病;另一方面,长期生活在热岛中心的居民会表现出精神萎靡、心烦意乱、抑郁压抑等状态,严重影响着城市居民的身心健康[176]。城市 GI 具有调节城市热环境、改善城市局部气候的作用。但由于城市用地紧张,特别是在城市建成区,仅依靠增加蓝色和绿色空间面积来缓解热岛效应的可能性不大,因此如何找到热岛效应缓解的高需求区并提出解决方案显得至关重要。地表温度可以有效地表征城市热岛效应的水平和性状[177],科学精确的地表温度反演有助于弥补传统地面定点测量数据量的有限性和范围覆盖的局限性[178]。因此,采用热红外遥感反演地表温度的方法对于判定城市热岛效应缓解的需求程度具有现实意义。

本研究使用基于刘晶在覃志豪等学者提出的单窗算法改进而来的算法[179]。原方法使用的是 Landsat-5 的 TM6 波段,改进后可以应用于研究中所选取的 Landsat-8 的 TIRS10 波段。两种波段在范围上有所差异,因此需要按照 TIRS10 波段的光谱范围和光谱响应函数对大气的上、下行辐射以及大气透过率按照公式(5-2)进行处理:

$$T_s = \frac{(a_{10}(1 - C_{10} - D_{10}) + (b_{10}(1 - C_{10} - D_{10}) + C_{10} + D_{10})T_{10} - D_{10}T_a)}{C_{10}}$$

$$(5-2)$$

式中，T_s 为反演后的地表温度，a_{10} 和 b_{10} 为系数，其值根据不同温度范围而不同，可通过查询 Landsat-8 TIRS10 波段 a_{10} 和 b_{10} 的系数值获得[180]。T_a 为大气平均温度，T_{10} 为 TIRS10 波段中的亮度温度。C_{10} 和 D_{10} 为算法的内部参数，按照公式(5-3)和(5-4)进行计算：

$$C_{10} = \tau_{10}\varepsilon_{10} \tag{5-3}$$

$$D_{10} = (1-\tau_{10})[1+\tau_{10}(1-\varepsilon_{10})] \tag{5-4}$$

式中，ε_{10} 为地表辐射率，τ_{10} 为大气透过率。热岛效应缓解需求评价流程见图 5-10。

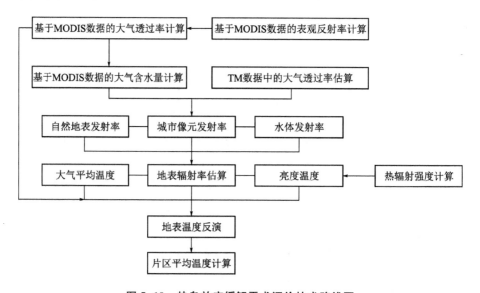

图 5-10　热岛效应缓解需求评价技术路线图

2）遥感影像的获取和预处理

采用单窗算法进行温度反演需要对 ETM 数据和 MODIS 数据进行获取和处理。ETM 数据采用了 Landsat-8 OLI/TIRS 卫星 TIRS 热红外传感器提供的第 10 波段的数据。遥感影像与 4.3 节中进行土地利用提取的源数据相同，由拍摄于格林尼治时间的 2018 年 4 月 23 日 2:42 和 2018 年 4 月 30 日 2:48 的两景影像拼接而成。为了减小后期软件处理误差，研究采用了 ENVI 5.0 软件的 FLASSH 插件对第 10 波段影像进行了大气校正和辐射校正。

MODIS 遥感数据获取自 NASA 的 gooddard 宇航飞行中心网站，数据的处理主要基于 MODIS Swath Tools 工具来完成。首先分别对格林尼治时间 2018 年 5 月 2 日 3:40 的 MODIS 遥感数据进行几何校正。对 2、5、17、18、19 五个波段进行选取,并对其进行定标、投影、数据输出格式等设定,从而得到校正后的 MODIS 数据。使用 ERDAS 对校正过的数据进行拼接,并用徐州市矢量边界进行裁剪,得到研究区范围内的 MODIS 2、5、17、18、19 五个波段数据。

3)基于 MODIS 数据的表观反射率计算

表观反射率(apparent reflectance)是指大气顶层的反射率,是辐射定标的结果之一,利用 MODIS 数据存储的像元灰度值(DN 值)可以通过公式(5-5)将像元灰度值转换为表观反射率。

$$R_{B, T, FS} = Reflectance\_Scales_B \times (SI_{B, T, FS} - Reflectance\_Offect_B)$$

$$(5-5)$$

式中,$R_{B, T, FS}$ 为表观反射率,$SI_{B, T, FS}$ 为波段某像元的值,B 为相应波段号。

表观反射率的计算过程可以通过 ENVI 软件操作得以实现。不同波段的反射缩放比和偏移量可通过查询"View HDF Dataset Attributes"获得。5 波段的表观反射率可通过 ENVI 中的"Band Math"计算得出。具体结果见表 5-4。

表 5-4　MODIS 2、5、17、18、19 数据反射缩放比和偏移量查询结果

波段	反射缩放比	偏移量
2	0.000 034 15	0
5	0.000 043 79	0
17	0.000 027 21	316.972 198 49
18	0.000 032 71	316.972 198 49
19	0.000 027 03	316.972 198 49

4)基于 MODIS 数据的大气透过率计算

不同地表下垫面在同一波长上具有不同的反射率,基于此,当遥感影像拍摄时的天气是晴朗无云时,可采用近红外波段反演大气水汽含量。MODIS 2、5、17、18、19 通道可用来反演透过率和水汽含量。基于 MODIS 数据处理得到 5 个波段的表观反射率数据,根据公式(5-6)分别计算得到

17、18、19 三个通道的大气透过率：

$$\tau(\lambda_k) = \frac{\rho \cdot (\lambda_k)}{m_k \rho \cdot (\lambda_2) + n_k \rho \cdot (\lambda_5)} \tag{5-6}$$

式中，$\tau(\lambda_k)$ 为第 k（$k=17$、18、19）通道的大气透过率；$\rho \cdot (\lambda_k)$ 为第 k（$k=17$、18、19）通道的表观反射率；$\rho \cdot (\lambda_2)$ 和 $\rho \cdot (\lambda_5)$ 分别为第 2、5 通道的表观反射率。根据毛克彪对 MODIS 数据的地表温度反演方法研究和相应数值模拟[181]，取 $m_{17}=0.876\ 7$，$n_{17}=0.123\ 3$，$m_{18}=0.794\ 9$，$n_{18}=0.205\ 0$，$m_{19}=0.795\ 6$，$n_{19}=0.204\ 4$。这里通过 ArcGIS 的栅格计算器功能来操作实现。

5）基于 MODIS 数据的大气含水量计算

水汽含量是大气中重要的气象参数，也是天气和气候变化的重要驱动力。由于水汽分布极不均匀，且时空变化很大，水汽含量对地表温度反演、影像数据的大气校正等基于遥感数据的应用研究具有显著的影响。本研究中使用公式(5-7)来计算大气平均水汽含量：

$$\omega = f_{17}\omega_{17} + f_{18}\omega_{18} + f_{19}\omega_{19} \tag{5-7}$$

式中，ω 为大气平均水汽含量，f_{17}、f_{18}、f_{19} 为 3 个波段的权重系数，分别取 0.189、0.242 和 0.569，ω_{17}、ω_{18}、ω_{19} 分别为基于 MODIS 数据获取的 17、18、19 波段的水汽含量，该变量可以根据各个波段的大气透过率计算求得，其公式如式(5-8)所示：

$$\omega_k = \left(\frac{\alpha - \ln \tau_k}{\beta}\right)^2 \tag{5-8}$$

式中，τ_k 为 k 波段的大气透过率，ω_k 为 k 波段的水汽含量，α、β 为常数，分别取 0.02 和 0.651[180]。处理结果见图 5-11。

6）Landsat-8 数据中大气透过率的计算

大气透过率是反演地表温度的重要参数，可以通过大气水汽含量来估算。计算出大气水汽含量后，根据 Wan 等[182]推算的中纬度夏季和冬季的大气透过率与大气水分含量之间的线性关系来估算大气透过率。Landsat-8 TIRS 波段大气透过率估算方程详见表 5-5。其中，τ_{10} 为大气透过率，ω 为水汽含量。

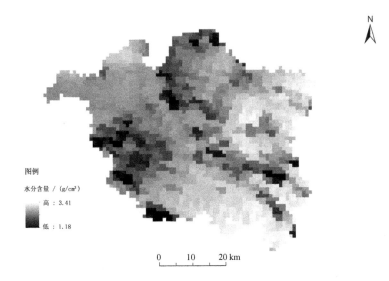

图例

水分含量 / (g/cm²)

高：3.41

低：1.18

0   10   20 km

图 5-11   徐州都市区大气含水量图

表 5-5   Landsat-8 TIRS 波段大气透过率估算方程

大气模式	水汽含量	大气透过率估算方程	R^2	SEE
中纬度夏季	0.2~1.6	$\tau_{10} = 0.918\,4 - 0.072\,5\omega$	0.983	0.004 3
	1.6~4.4	$\tau_{10} = 1.016\,3 - 0.133\,0\omega$	0.999	0.003 3
	4.4~5.4	$\tau_{10} = 0.702\,9 - 0.062\,0\omega$	0.966	0.008 1

根据 http://www.tianqihoubao.com/lishi/xuzhou/month/201705.html 查询得到徐州市当天平均气温为 21.5 ℃,即 294.65 开氏度(K),结合上一步运算得到的大气平均含水量,通过 ArcGIS 的栅格计算器条件函数运算得到 Landsat 8 TIRS 的大气透过率(见图 5-12)。

7) 亮度温度计算

亮度温度(T_i)指当某一物体在某固定波长下与黑体的光辐射出的射度一致,则黑体的温度可被当作该物体在固定波长下的亮度温度。本研究选取第 10 波段进行研究。将辐亮度转化为亮度温度的普朗克计算公式如式(5-9)所示:

$$T_i = \frac{K_2}{\ln\left(\dfrac{K_1}{K_\lambda} + 1\right)} \qquad (5-9)$$

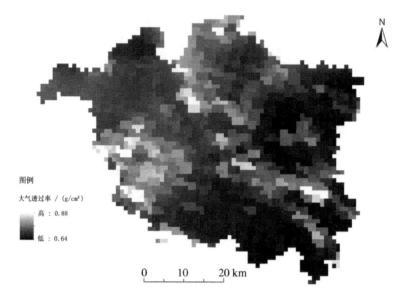

图例

大气透过率 / (g/cm²)

高：0.88

低：0.64

0   10   20 km

图 5-12　徐州都市区大气透过率图

式中，T_i 为波段 i 所对应的亮度温度；L_λ 为热辐射强度值（W·m^{-2}·sr^{-1}·μm^{-1}）；K_1 和 K_2 为校订系数，参考表 5-6 Landsat-8 TIRS 校订系统 K_i 得到。

表 5-6　Landsat-8 TIRS 校订系统 K_i

波段	K_1(W·m^{-2}·sr^{-1}·μm^{-1})	K_2
TIRS10	774.89	1 321.08
TIRS11	480.89	1 201.14

资料来源：参考自文献[183]

对于 L_λ 热辐射强度值的计算，可根据 Landsat-8 网站提供的相应参数和公式（USGS，2013），将其亮度值转换为辐射亮度值。

$$L_\lambda = DN \cdot gain + offset \tag{5-10}$$

式中，L_λ 为多光谱/热红外数据波长为 λ 时所对应的热辐射强度值（W·m^{-2}·sr^{-1}·μm^{-1}）；DN 为像元值；$gain$ 为波段增益系数；$offset$ 为偏移系数。上述数据都可通过 Landsat-8 OLI 数据里的头文件查询得到。徐州都市区亮度温度的计算结果见图 5-13。

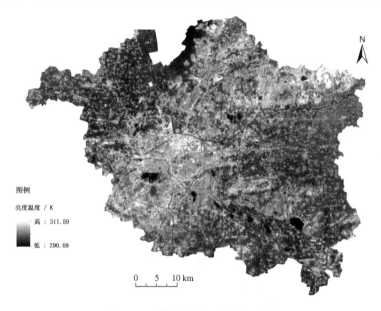

图例

亮度温度 / K

高：311.59

低：290.69

0 5 10 km

图 5-13 徐州都市区亮度温度图

8）地表辐射率估算

虽然地表下垫面的构成和反射波长较为复杂，但从卫星像元接收的情况来看，大致可以分为三种类型：水面、城镇和自然表面，因此，可以分别针对这三种类型的地表进行发射率的计算[184]。

（1）自然地表发射率

自然地表像元是由植被的根茎叶灌和裸土组成的混合像元。在确定自然地表的比辐射率时，可以用公式（5-11）估算自然地表像元的热辐射强度：

$$\varepsilon = P_v R_v \varepsilon_v + (1 - P_v) R_v \varepsilon_s + d_\varepsilon \tag{5-11}$$

式中，ε 是自然表面的地表发射率，P_v 是混合像元中的植被覆盖水平，R_v 是植被的温度比率，ε_v 和 ε_s 分别是植被和裸土的辐射率，分别取 0.986 和 0.971 25。d_ε 为辐射校正参数项。由于热辐射作用在植被和裸土比例为 1∶1 时效果最大，因此可采用如下经验公式进行估算 d_ε：

$P_v \leqslant 0.5$ 时，$d_\varepsilon = 0.003\,796 P_v$；$P_v > 0.5$ 时，$d_\varepsilon = 0.003\,796(1 - P_v)$；$d_\varepsilon > P_v$ 时，$d_\varepsilon = P_v$。

P_v 可由公式（5-12）计算获得：

$$P_v = \left(\frac{NDVI - NDVI_{\min}}{NDVI_{\max} - NDVI_{\min}} \right)^2 \tag{5-12}$$

式中，P_v 是混合像元中的植被覆盖水平；$NDVI$ 为归一化植被指数，$NDVI_{min}$ 为水体像元的 $NDVI$ 值，$NDVI_{max}$ 为像元被植被完全覆盖时的 $NDVI$ 值。

$$NDVI = \frac{\rho_{NIR} - \rho_R}{\rho_{NIR} + \rho_R} \qquad (5\text{-}13)$$

式中，ρ_{NIR} 和 ρ_R 分别为 Landsat-8 近红外波段和远红外波段的反射率。$NDVI$ 值的栅格图像可直接通过 ERDAS 2015 软件计算获得，详见图 5-14。

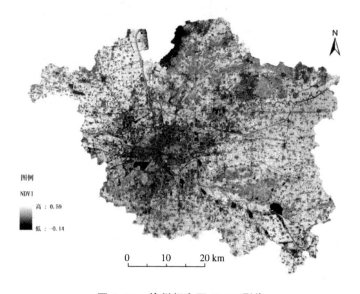

图例

NDVI

高：0.59

低：-0.14

0　　10　　20 km

图 5-14　徐州都市区 NDVI 影像

（2）城市像元的地表发射率

城市像元的地表发射率如式（5-14）所示：

$$\varepsilon = P_v R_v \varepsilon_v + (1 - P_v) R_m \varepsilon_m + d_\varepsilon \qquad (5\text{-}14)$$

式中，ε 是城市像元的地表发射率；P_v 是混合像元中的植被覆盖水平；R_v 和 R_m 分别是植被和建筑表面的温度比率；ε_v 是植被的辐射率，取 0.986；ε_m 是建筑表面反射率，取 0.97；d_ε 为辐射校正参数项，计算方法可参考"自然地表发射率"中 d_ε 的计算过程。

根据覃志豪等人的研究成果，植被和建筑表面的温度比率可进行如下模拟[183]：

$$R_v = 0.933\,2 + 0.058\,5 P_v$$
$$R_m = 0.988\,6 + 0.128 P_v$$

（3）水体的地表发射率

水体在热红外波段的辐射率较高，非常接近于黑体，因此，水体的辐射率取值 $\varepsilon_w = 0.995$。以上分析通过 ArcGIS 中的栅格计算器进行可视化计算，最终得到研究区地表比辐射率影像（图 5-15）。

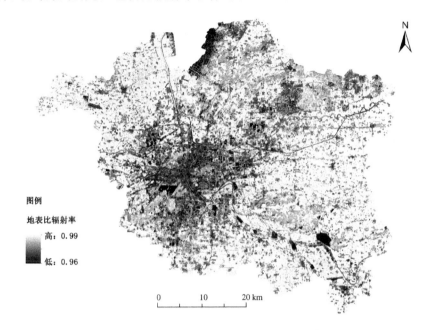

图例

地表比辐射率

高：0.99

低：0.96

0   10   20 km

图 5-15   徐州都市区地表比辐射率影像

9）评价结果

由于温度反演的计算过程相对复杂，为了方便计算，研究使用 ArcGIS 10.2 中的模型构建器功能将 5.2.2 节中的主要计算过程进行整合并制成模型（图 5-16），运算得出徐州都市区地表温度反演结果（图 5-17）。

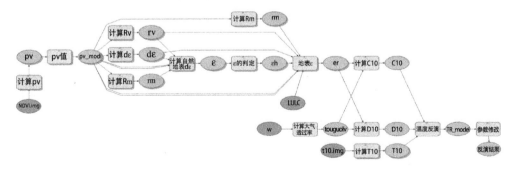

图 5-16   温度反演计算的 ArcGIS 流程模型图

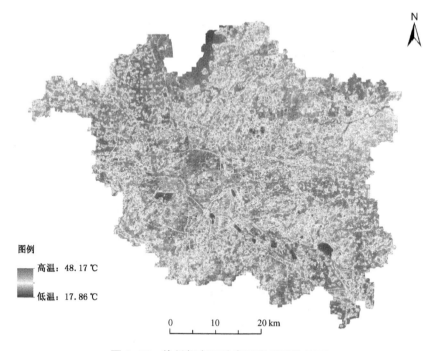

图 5-17　徐州都市区地表温度反演结果图

最后,为了反映不同研究片区的城市热岛效应缓解需求,研究以片区平均温度作为衡量城市应对热岛效应的构建需求程度。

$$T_{score} = \frac{\sum_{i=1}^{n} T_i S_i}{S} \qquad (5-15)$$

式中,T_i 为研究区范围内 i 像素点的反演温度;S_i 为 T_i 反演温度对应的区域面积;S_i 为计算区域的总面积;T_{score} 为区域的平均温度,也就是应对热岛效应的需求量,T_{score} 的分值越高,相应的应对热岛效应的需求也越高,反之越低。

根据图 5-17 和温度反演结果可知,研究区内温度最高为 48.17 ℃,位于金山桥片区境内,最低为 17.86 ℃,位于伊庄镇境内的圣人窝自然保护区,温差达到了 30.31 ℃。但是在不考虑异常值影响的情况下,研究区实际温度大都集中分布在 24～29 ℃之间,平均温度为 27.87 ℃。高温区主要集中在主城区,呈现建成区和贾汪区两极化的分布模式,低温区主要分布于河流湖泊。

根据图 5-18 和结果数据可知,热岛效应缓解功能需求最高的片区为城市建成区内的金山桥片区、翟山片区、坝山片区,以及贾汪区境内的贾汪片区和汴塘镇。这些区域的地表平均温度在 31.26～33.29℃之间,它们是研究区内城市化和工业化水平较高的区域。需要说明的是,汴塘镇的高地表温度主要是由于境内的江苏阚山发电有限公司新机组投产后满载和运行所造成的异常状态。新城中心、茅村镇、利国镇、城东片区、大吴镇紧随其后,在空间上与第一梯队片区毗邻,这些区域也是城市工业生产、交通运输和居民生活的热点区域。中、低和较低需求区主要沿主城区向东南和西北方向逐渐衰减。在整体格局上,徐州都市区自东北向西南方向,由汴塘镇、贾汪片区、青山泉镇、金山桥片区、坝山片区、翟山片区、老城中心、汉王镇、三堡镇形成了一条“城市高温轴线”。在城市下垫面、人工热源和大气污染的综合影响下,上述片区成为应对城市热岛效应的重点区域。

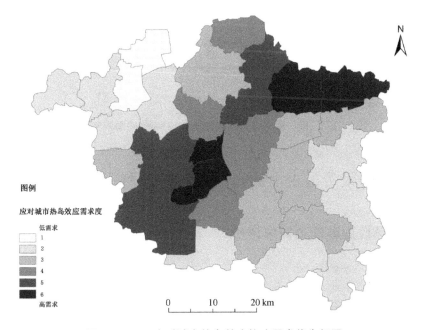

图 5-18 GI 应对城市热岛效应构建需求优先级图

5.2.3 叠加结果分析

调节服务需求导向下的 GI 构建是雨洪管理需求评价和热岛效应缓解需求评价综合叠加的结果。如图 5-19 所示,GI 构建的高需求区集中分布于主城区及周边,包括老城片区、翟山片区、坝山片区、金山桥片区和九里片区,其中金山桥片区和九里片区是徐州都市区典型的工业集中区。在整体格局上,高需求区呈现出西高东低,主城区高、外围低的态势,这些区域受人类活动干扰最为强烈,是城市生态稳定性较弱的地带,也是城市自然灾害的易发区。

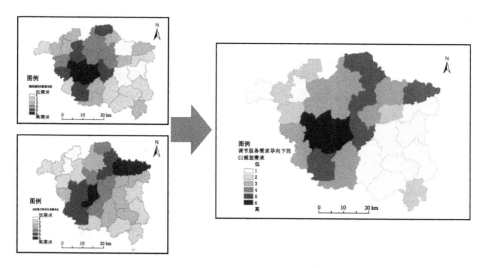

图 5-19　调节服务需求导向下的 GI 构建需求图

5.3　支持服务需求下的 GI 构建优先级评价

5.3.1　环境固碳能力需求评价

1）评价方法

自第二次工业革命以来,以二氧化碳为代表的温室气体的排放所导致的全球气候变暖已成为全球的共同性问题。特别是对煤炭资源型城市而言,煤炭资源的开采、运输、坑口电站的建设运营都加大了各种温室气体的排放,造成区域内的环境气候异常。城市生态环境的破坏不仅来自煤炭资源的开采,还包括大量坑口电站发电造成的温室气体排放[185]。区域气候的变迁将直接导致城市热岛效应的增强,并间接影响到城市的生境质量和生物多样性[186]。因此,开展对煤炭资源型城市环境固碳能力的研究和空间分析有利于提高对城市生态系统服务功能的认知,从而制定更加合理有效的

GI 构建方案。

陆地生态系统与大气交换的二氧化碳对人类生存环境的质量有十分重要的影响[187]。在这一过程中,自然生态系统将二氧化碳固定在植被和土壤中,从而有效降低了空气中的二氧化碳浓度[188]。目前国内环境固碳的相关研究大都以单个碳库为目标,应用方法有生物量法、蓄积量法等[189]。基于栅格数据分析的多碳库固碳水平研究相对较少。因此,将 GIS 技术与 InVEST 模型相结合的技术方法为城市环境固碳研究提供了新的路径[190]。本研究将综合研究徐州都市区三大碳库(地上生物量、地下生物量、土壤生物量)的碳储量,具体方法和技术路线见图 5-20。

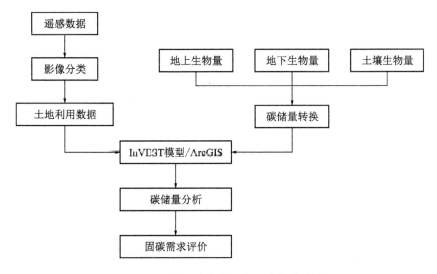

图 5-20　环境固碳能力需求评价技术路线图

2) 碳库数据的获取与处理

InVEST 环境固碳模型主要面向于地上生物量碳储量、地下生物量碳储量、死亡有机质碳储量和土壤碳储量四大碳库。另外,根据周伟等人对徐州都市区标准样地调查的研究成果,地上植被的枯死木、下层木、草本层、枯落物的生物量的数量占比在样地地上部分总生物量的 0.4% 以下,因此本研究仅对地上、地下和土壤中的碳储量进行计算分析。

利用 4.3 小节中的徐州都市区土地利用现状图,根据不同地类的固碳特性,合并得到建设用地、针叶林、针阔混交林、河流湖泊、草地和农田六类用地类型。利用 ArcGIS 软件将矢量类格式的土地利用类型图整理成符合 InVEST 模型碳模块要求的栅格数据集格式。在碳储量数据的收集方面,地上生物量碳储量和土壤碳储量数据主要通过相关文献收集获得;地下生物量碳储量数据则通过生物量转换因子法计算获得。

　　3）地上碳密度计算

　　地上生物量碳储量是指所有活着的植物在地上部分所储存的碳量。计算地上生物量碳储量,需要掌握不同地类的碳密度情况和相应的面积。由于碳密度的数据收集和计算过程比较复杂烦琐,本研究中不同地类地上碳密度数据主要来自对相关文献的收集整理。其中,针叶林、针阔混交林的碳密度数据来自周伟等人的《基于二类调查数据的森林植被碳储量和碳密度——以徐州市为例》一文的研究成果[191];河流湖泊、草地、农田的碳密度数据来自揣小伟等人的《江苏省土地利用变化对陆地生态系统碳储量的影响》[192]。具体数据见表 5-7。

表 5-7　地上碳密度数据来源表

土地利用类型	碳密度/(Mg/hm²)	研究人员	研究时间	研究尺度
建设用地	0.00	—	—	—
针叶林	30.15	周伟等	2012	徐州
针阔混交林	28.95	周伟等	2012	徐州
河流湖泊	0.60	揣小伟等	2011	江苏
草地	21.10	揣小伟等	2011	江苏
农田	5.50	揣小伟等	2011	江苏

　　4）地下碳密度计算

　　地下生物量是活着的植被的地下部分的根茎和树干等。研究选取方精云等人提出的生物量转换因子法综合计算徐州都市区各类型土地利用的地下生物量碳储量[193]。计算公式如式(5-16)所示:

$$C_{below} = a \times b \times DW_i \qquad (5-16)$$

　　式中,C_{below} 为地下植被碳密度;DW_i 为地上生物量,单位为:Mg/hm²;a 为转换系数;b 为地下地上生物量比值。

　　在地上生物量 DW_i、转换系数 a 和地下地上生物量比值 b 的选取上,参考了国内多位学者的研究。其中,生物量转换因子法中的地上生物量数据来源于《全国生态环境十年变化(2000—2010 年)遥感调查评估》中的数据。转换系数 a 体现了不同植被类型对于碳的转换能力,在树木碳含量取值时,研究中采用国内学者通用含量 0.5[194],因此本研究采用的森林植被碳储量与生物量的折算系数为 0.5;研究区河流和湖泊中同样生长着大量水生植被,根据宗世贤等的研究成果,将生物量与碳储量之间的折算系数设为 0.5[195];本研究中的遥感成像时间段为 4 月底到 5 月初,研究区内的农作物以小麦为主,选取 0.49 作为转换系数。根据王惠子等人的研究成果,将草地的转换系数选定为 0.45。

在地下地上生物量比值方面,根据方精云等人的研究成果,阔叶林、针叶林和针阔混交林比值在 0.2～0.4 之间,与森林植被类型的根茎比基本保持一致[196]。因此,根据《2006 年 IPCC 国家温室气体清单指南》中树木根茎比参考值,确定针叶林的地下地上生物量比值为 0.29,针阔混交林地下地上生物量比值取针叶林和阔叶林的平均值 0.26。根据揣小伟等人的研究成果[192],河流湖泊、草地和农田的地下地上生物量比值分别选取 0.1、4.3 和 0.1。具体指标选取和计算结果详见表 5-8。

表 5-8　地下碳密度的指标选取与计算结果表

土地利用类型	生物量 /(Mg/hm²)	a	b	地下碳密度 /(Mg/hm²)
建设用地	0	0	0	0
针叶林	60.30	0.5	0.29	8.74
针阔混交林	57.90	0.5	0.26	7.53
河流湖泊	1.20	0.5	0.1	0.06
草地	46.89	0.45	4.3	90.73
农田	11.22	0.49	0.1	0.55

5）土壤碳密度计算

地上与地下部分的碳密度主要指的是活着的植物中所储存的碳量,对于失去生命后的植物所含的有机质(如飘落的枝叶、花朵、果实,直立的枯干等)以及土壤中其他的有机碳密度也需要进行计算。与前文中地上碳密度计算的过程类似,土壤碳密度的计算数据主要来自对相关文献的收集整理。其中,建设用地、河流湖泊、草地和农田的土壤密度数据来自揣小伟等的《江苏省土地利用变化对陆地生态系统碳储量的影响》研究成果;针叶林、针阔混交林的碳密度数据来自《徐州市石灰岩山地不同植被恢复模式的碳储量》的研究成果[197]，详见表 5-9。

表 5-9　土壤碳密度指标选取表

土地利用类型	碳密度/(Mg/hm²)	研究人员	研究时间	研究范围
建设用地	73.00	揣小伟等	2011	江苏
针叶林	246.77	董波等	2015	徐州
针阔混交林	249.24	董波等	2015	徐州
河流湖泊	81.10	揣小伟等	2011	江苏
草地	85.00	揣小伟等	2011	江苏
农田	92.90	揣小伟等	2011	江苏

6）基于 InVEST 模型的环境固碳能力评价

研究使用 InVEST 中的"碳存储和固定"模型进行环境固碳能力的计算。结合上文分析，由于本研究只考虑地上生物量碳库、地下生物量碳库和土壤碳库，结合徐州都市区碳储量分布情况，计算方法如式（5-17）所示：

$$C = C_{above} + C_{below} + C_{soil} \tag{5-17}$$

式中，C 为总碳量，单位为 kg/m^2；C_{soil} 为土壤碳储量，单位为 Mg/hm^2。

为了进一步表征不同研究片区对 GI 固碳能力的需求度差异，使用公式 5-18 计算每一片区单位面积碳存储能力：

$$C_{average} = C_{total} / S \tag{5-18}$$

式中，$C_{average}$ 为研究片区的平均碳存储能力，即固碳能力需求水平；C_{total} 为该片区的总碳存储量；S 为面积。

7）评价结果

根据生态土地利用互补理论，在土地利用性质难以变更的情况下，优化现有的高环境固碳能力区域有利于在养护投入较少的情况下吸收固存更多的温室气体，所以环境固碳水平评分较高的区域应作为该项生态系统服务的高需求区。

通过 InVEST 模型的碳汇分析，得到徐州都市区碳储量分布如图 5-21 所示。

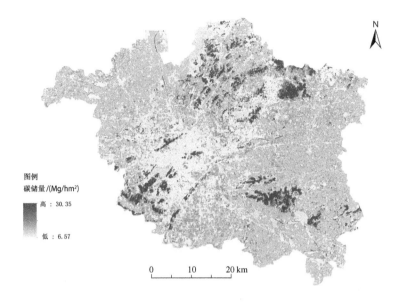

图例
碳储量/(Mg/hm²)

高：30.35

低：6.57

0　　10　　20 km

图 5-21　徐州都市区碳储量分布图

徐州都市区碳储量高值区域与都市区山体资源高度保持一致,这说明森林(针叶林)和人工林(针阔混交林)土地利用类型是环境固碳功能需求的热点地类。从空间布局上来看,碳汇热点区域呈现出明显的"四片区"分布模式,即:北部山体公园、大洞山自然保护区、汉王公益林、吕梁山风景区。这些区域涵盖了森林公园、自然保护区、水源保护区、风景名胜区、生态公益林、山体公园等绿色和蓝色生态空间。位于微山湖湿地东南方向的北部山体公园是都市区范围内面积最大的森林公园,内有山体 20 余座,是都市区北部重要的生态屏障;位于研究区东部的大洞山自然保护区是徐州重要的生物多样性和水源涵养保护区,也是徐州市煤矿塌陷地生态恢复区;位于建成区南部的汉王公益林隶属云龙湖风景名胜区,以自然生态保护和特种林木供应为主;位于都市区东南方向的吕梁山风景区涵盖了城南山体公园、圣人窝森林保护区和张集引用地下水源保护区,集生物多样性、自然和人文景观、水源涵养等生态功能于一体。

相对应地,从整体格局来看徐州都市区碳汇规划的高需求区呈现出南北两条高需求带。北部条带受北部山体公园、大洞山自然保护区控制,形成了沿柳泉镇、青山泉镇、贾汪片区、汴塘片区的分布态势。南部条带受汉王公益林和大洞山自然保护区控制,形成了沿汉王镇、三堡镇、棠张镇、张集镇、伊庄镇的带状分布态势(图 5-22)。

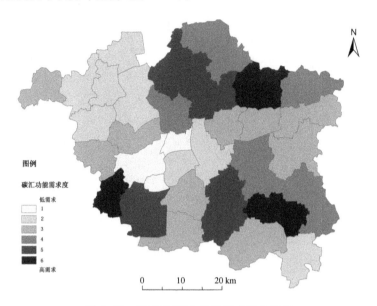

图例

碳汇功能需求度

低需求
1
2
3
4
5
6
高需求

0　　10　　20 km

图 5-22　GI 碳汇能力构建需求优先级图

5.3.2　生物多样性需求评价

1) 研究方法

城市生物多样性的状态和稳定性是决定区域生态系统服务能否健康可持续供给的关键[28]。煤炭资源的开采和工业广场的建设直接破坏了原生物种的栖息地和迁移路径,而采煤沉陷造成的地表损毁则又进一步破坏了生境的质量和稳定性,造成物种被迫迁徙。因此,梳理城市生物多样性现状是当今城市发展背景下一项紧迫的任务,准确地评估生物多样性功能是保证城市支持服务的基础工作。

不同的土地利用类型保持生物资源的能力也不同。在本研究中,生物多样性需求的评价将使用生物多样性服务当量因子进行计算。该方法的计算过程与 4.4.4 小节中生态维系力评价的方法基本类似,使用由中科院谢高地教授提出的中国生态系统服务评估单价体系进行评估计算[154]。结合研究区实际情况,森林和人工林分别选取针叶林和针阔混交林的当量因子,计算出森林、人工林、水体、草地、旱地、水田的生物多样性服务价值分别为 1.88、2.60、2.55、1.27、0.13、0.21。从维持区域生物多样性水平的能力来看,人工林的维持能力最高,森林低于人工林,森林之后为水体、草地。由于人类活动的强烈干扰,水田和旱地对生物多样性的维持能力最低。

与环境固碳能力需求度评价类似,生物多样性需求度指标也为正向指标,即单位面积内的生物多样性水平分值高的区域应作为该项生态系统服务的高需求区。研究提出了一种评价片区生物多样性需求度的计算方式:根据研究区域的表面覆盖条件的分类,由不同用地分类生物多样性当量因子按面积加权计算确定片区生物多样性水平,其计算公式如式(5-19)所示:

$$B_{score} = \frac{\sum_{i=1}^{n} B_i S_i}{S} \tag{5-19}$$

式中,B_{socre} 为评价片区的生物多样性水平;B_i 为评价片区中 i 地类对应的生物多样性系数;S_i 为 i 地类在评价片区中的面积;S 为对应评价片区的面积。计算结果如图 5-23 所示。

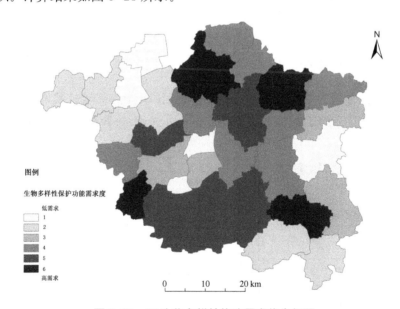

图 5-23　GI 生物多样性构建需求优先级图

2)评价结果

由图 5-23 所示,GI 生物多样性构建需求评价结果与环境固碳能力需求评价结果较为类似但又有所差异。相同点在于两者在 GI 规划高需求片区上的一致性,即:北部山体公园、大洞山自然保护区、汉王公益林和吕梁山风景区是二者构建需求最高的区域。这也体现出上述区域对于城市支持服务供给的支柱性作用。但不同于环境固碳能力评价结果，生物多样性需求在研究区南部的新城片区、棠张镇，北部的大吴镇，西部的九里片区都有较高的 GI 构建需求，而环境固碳能力对上述片区的规划诉求则不明显。这主要是由于这些片区分布有较为丰富的水体资源，如新城片区、棠张镇境内的七里沟地下水饮用水源保护区，大吴镇境内的潘安湖采煤塌陷湿地，九里片区境内的九里塌陷区森林郊野公园等。水体资源对生物多样性水平的维持和状态的稳定具有较高的贡献度，但对环境固碳能力的提升则不明显。从整体的空间格局来看，生物多样性规划的高需求区在徐州都市区范围内呈现出"C"字形的空间状态，表现为以吕梁山风景区—潘安湖采煤塌陷湿地—北部山体公园—九里塌陷区—桃花源湿地—汉王公益林—七里沟地下水饮用水源保护区—大洞山自然保护区串联的链状形态，对主城区形成半包围的态势。值得一提的是，上述链状形态中的潘安湖采煤塌陷湿地、九里塌陷区、桃花源湿地都位于采煤塌陷区内。这说明采煤沉陷区在对徐州都市区生态恢复和生物多样性维持方面已经起到了重要的作用。

5.3.3　叠加结果分析

　　支持服务需求导向下的 GI 构建是环境固碳能力需求评价和生物多样性需求评价综合叠加的结果。如图 5-24 所示，支持服务需求导向下的 GI

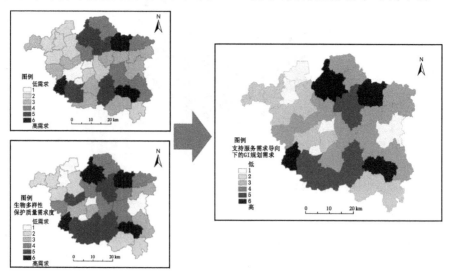

图 5-24　支持服务需求导向下的 GI 构建需求图

构建高需求区呈现出明显的"四片区"分布模式,包括都市区北部的北部山体公园、东北部的吕梁山风景区、东南部的大洞山自然保护区和西南部的汉王公益林。这些片区涵盖了森林公园、自然保护区、水源保护区、风景名胜区、生态公益林、山体公园等,它们是城市重要的生态源斑块,也是城市生态系统服务供给的主要来源地。

5.4 文化服务需求下的 GI 构建优先级评价

5.4.1 绿地可达性需求评价

1)评价方法

城市居民福祉水平与生态系统的文化服务直接相关。优良的自然景观质量和便捷的可达性在促进城市居民的身心健康方面起着极为直接的作用[26]。在自然中的休闲游憩可以获得多种综合效益,如减轻工作生活压力、促进身心健康、提升幸福感和满足感等[44];同时也有利于促进邻里关系、增强社区集体荣誉感和认同感等效益[198]。随着国家全面建成小康社会的进程发展,在满足基本居住条件的同时人们也开始关注住区周边的公园绿地配置。城市的管理部门也提出了城市开敞空间的绿地指标配建要求,很多城市相继提出了"出门 500 m 见绿,1 000 m 游园"的发展目标[199]。

对于公园绿地的可达性需求分析,研究采用单位面积内无法通过步行到达绿色空间辐射范围内的人数进行表征[200]。其人口数越多,则说明绿色空间的可达性就越差,应为绿色空间可达性 GI 构建需求的热点区域。该方法不考虑公园的入口位置和周边的路网结构,流程方法具体见图 5-25。

2)生态空间的选择

在生态空间的选择方面,主要遵循了以下三个标准:首先,绿色空间要以服务市民的日常休闲娱乐为最主要的功能,同时具有较高的利用率;其次,绿色空间要满足市民使用的便捷性;最后,绿色空间需要满足城市公园的设计标准。基于以上,研究结合《城市绿地设计标准》选取了三类公园作为研究样本:市级公园、片区级公园、专类公园。公园的位置和信息来源于2017 年修订版的《徐州市城市总体规划(2007—2020)》,通过 ArcGIS 平台进行矢量化处理。最终得到图 5-26,包括市级公园 20 个,共计 60.06 km²;片区级公园 23 个,共计 433.06 km²;专类公园 19 个,共计 58.20 km²。共计551.32 km²,占徐州都市区总面积的 17.63%(三类公园名录见附录一)。由

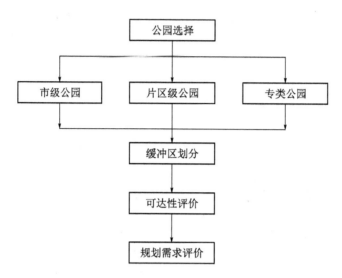

图 5-25　绿地可达性需求评价技术路线图

图 5-26 可以看出,这些绿色空间都处于城市建成区范围,集中分布于主城区的鼓楼、云龙、泉山区范围内,少量零散分布于贾汪区境内。

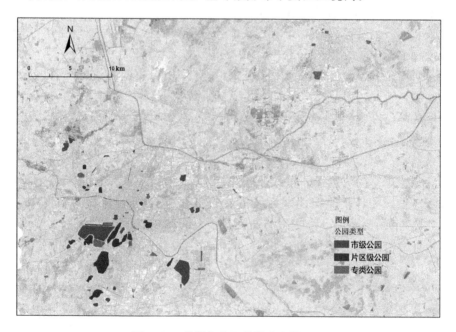

图 5-26　徐州都市区公园分布情况图

　　3）缓冲区的划分

　　由于三类公园的等级、规模和大小不同,需要对公园进行缓冲区等级的划分。通过对《城市绿地设计标准》的研究发现,该标准目前只针对市级和片区级别的公园设定了缓冲区标准,但是对于专类公园没有进行定义。此外,若按照公园等级进行缓冲区划分,所有统计的公园中面积最小的是云龙湖湖东路的果树盆景园,城市总体规划将其界定为市级综合公园,但面积却小于 1 hm²。位于云龙湖风景名胜区中的南湖公园、珠山公园实际上只是片区级公园,其服务的半径和服务的人口数显然要高于果树盆景园。因此,研究使用公园的面积作为划分缓冲区的依据。

　　参考相关研究,居民期望在步行 500 m 的距离内到达公园绿地,且能够接受的最长步行时间为半小时[198]。因此研究将步行到达绿地时间划分为3 级:第一级,小于 5 min;第二级,5～15 min;第三级,15～30 min。由于 ArcGIS 需要将出行时间换算为距离生成缓冲区,以人步行速度 5 km/h 计算,其缓冲区半径依次为 420 m、1 250 m、2 500 m(见图 5-27)。

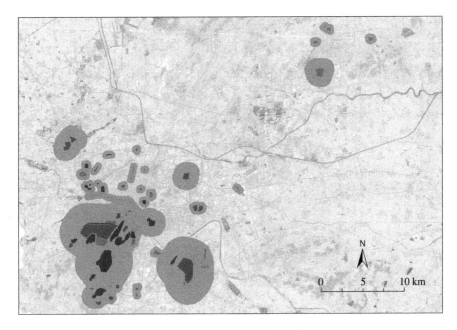

图 5-27　公园可达性范围示意图

　　4）可达性评价

　　将矢量化后的公园按照面积大小排序,然后采用自然断点法,将公园按照面积大小划分为三个等级并进行缓冲区分析。之后使用缓冲区范围对研究片区进行擦除以得到都市区范围内公园无法覆盖的区域。运用 ArcGIS 叠置分析计算落在公园三级缓冲区距离之外的每个街道区域的总面积的百分比,然后将百分比乘街道总人口数,得出每个街道无法在公园 420 m、1 250 m、2 500 m 步行距离内的人口数。

为了进一步体现出不同评价片区对绿色可达性的构建需求度,研究提出了一种绿地可达性规划优先级的判定方法:

$$A_i = \frac{\left(\dfrac{S_i - S_{buffer i}}{S_i}\right) \times P_i}{S_i} \tag{5-20}$$

式中,A_i 为 i 片区绿地可达性的需求度,单位为人/km²;S_i 为 i 片区的面积,单位为 km²;$S_{buffer i}$ 为 i 片区内可达性可覆盖的范围,单位为 km²;P_i 为片区内的人口数。

5) 评价结果

经分析,徐州都市区范围内公园绿地的有效辐射人口为 99.19 万人,辐射率仅为 24.89%,仍有四分之三的人口无法体验到相对便捷的 GI 休闲游憩功能,绿地可达性功能分配严重不均。由图 5-28 可知,绿地可达性规划优先级的热点区域出现在主城区的金山桥片区、坝山片区、新城片区、老城

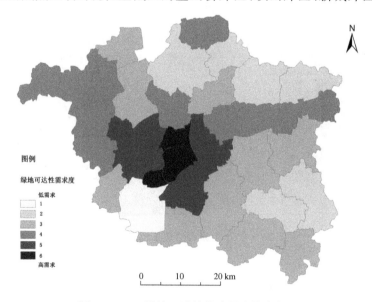

图 5-28　GI 绿地可达性构建需求优先级图

片区和翠山片区,涵盖了建成区的大部分。但根据上文可知,徐州都市区的生态空间也几乎分布于主城区范围内,这说明目前都市区的生态空间仍难以满足市民的休闲游憩需要。主城区范围外的其他区域对绿地可达性的构建需求不高主要是因为这些片区的人口数量相对较少,但实际上这些片区中少有分布高质量的公园绿地。总的来看,贾汪区境内的贾汪片区、青山泉镇在绿地可达性服务方面已取得了较好的成果,值得其他片区学习和借鉴。功能和公平之间的权衡问题是徐州都市区绿地可达性规划需要解决的主要矛盾。

5.4.2 景观质量需求评价

1）评价方法

GI 为城镇居民提供了重要的休闲游憩空间,随着城镇居民对生态系统文化服务需求的日益增长,对城市自然景观的质量的评价也成为国内外生态学领域的热点。黄淮东部地区是我国城市化水平较高、工业基础较好的地区。随着城市化进程的不断加快,原本位于城乡结合地带的煤矿也渐渐从市域被纳入市区范围。采矿迹地也常被开发为湿地公园、农家乐、垂钓中心,以及主题公园等。随着私家车的普及,这些区域也承担了城市 GI 中的文化服务功能,为市民提供了新型休闲游憩空间。因此,如何充分利用多学科的方法和技术指标科学地评价城市开放型绿地的视觉景观质量,为提升人居环境质量和景观营造提供参考,已经成为提高城市居民福祉的核心问题。

不同于其他类型的生态系统服务指标评价,文化服务评价需要考虑到个体主观的行为和感受。针对景观质量等文化服务的评价也大都以访谈和调查问卷等方式为主。这些方法不仅开展工作量较大,而且评价结果也容易受到样本选择、问卷设计等因素干扰。为此,研究基于携程旅行网的分类数据,从研究区范围内自然景观的游客量和评分两方面进行景观质量的研究,既减小了操作的难度,也有利于提高研究的准确性。

2）样本筛选

在"携程旅行网"(www.ctrip.com)中,搜索目的地关键字"徐州"后,得到徐州全域及周边区域内不同类型的景点 63 页,共计 933 处。区域景点类型分为自然风光、历史遗迹、名人故居、公园乐园、建筑人文、特色街区、宗教场所、民风民俗、游乐游艺及其他景点。选择景点类型为"自然风光"后,得到景点 365 处。人工剔除位于研究区以外的景点后,得到云龙区、鼓楼区、泉山区、铜山区、贾汪区内自然风光景点 54 处。共计评价人数 5 036 人。携程旅行网对景观的打分主要涉及"景色""趣味""性价比"三个方面。对每位游客评分的三类分值取平均值,最后得到景观质量的最终得分。景点的筛选、参观人数和平均得分见附录二。最后使用 ArcGIS 的交集制表功能统计点数据在研究区中的分布、数量和具体的分值等(图 5-29)。

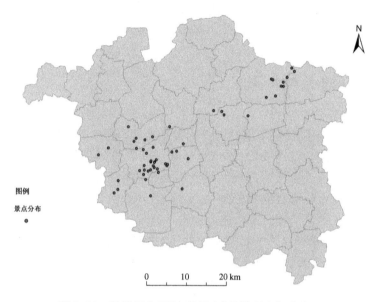

图 5-29　徐州都市区"自然风光"类景观空间分布图

3) 评价结果

为体现不同片区对景观质量 GI 构建需求等级程度,研究提出了片区景观质量得分的计算方法:

$$Q_{score} = \sum_{i=1}^{n} P_i S_i \tag{5-21}$$

式中,Q_{score} 为片区的景观质量得分;P_i 为片区内 i 景观的评价人数;S_i 为 i 景观的平均分值。类似于环境固碳能力和生物多样性需求评价,景观质量需求度也为正向指标。根据生态互补理论,优化提升现有景区的质量有利于在养护投入和建设投入较少的情况下获得更高的综合效益,所以景观质量评分较高的区域应作为该项生态系统服务的高需求区。

得到分析结果如图 5-30 所示,GI 景观质量规划的高需求区呈现出以主城区和贾汪片区两极化的分布模式。以主城区老城片区为核心,共分布各类自然风光类景点 40 处,这些景点是都市区居民周末休闲游憩的主要去向;贾汪片区则分布有贾汪马庄民俗村、大洞山风景区、贾汪大洞山土盆温泉度假村、潘安湖湿地公园、督公湖风景区、茱萸养生谷等景点,它们是徐州都市区新兴的自然风光景点。随着城市居民私家车的普及和自驾游的兴盛,贾汪片区的景观生态游已成为徐州市旅游产业的新增长点。沿贾汪片区—大吴镇金山桥片区—老城片区—三堡镇一线是徐州自然风光景观质量提升的重要廊道,应加强对沿线自然景观可达性、趣味性和服务质量的提升以满足城市居民日益增长的休闲游憩需求。

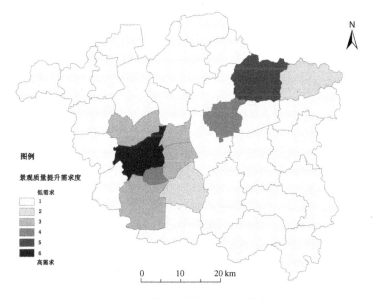

图 5-30　GI 景观质量构建需求优先级图

5.4.3　叠加结果分析

　　文化服务需求导向下的 GI 构建是绿地可达性需求评价和景观质量需求评价综合叠加的结果,反映都市区居民对自然风光游览和休闲游憩的需求水平。如图 5-31 所示,文化服务需求导向下的 GI 构建高需求区出现在以老城片区为中心的主城区周围。一方面,公园绿地高度集中分布的区域仍是文化服务的高需求区,这说明徐州都市区现阶段公园绿地的文化服务供给仍不能完全满足市民的游憩需求;另一方面,公园绿地高度集中在老城片区也表明文化服务的空间公平性较差。

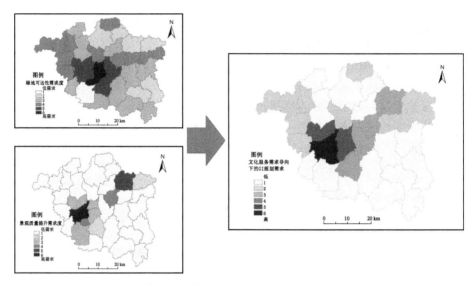

图 5-31　文化服务需求导向下的 GI 构建需求图

5.5　综合服务需求下的 GI 构建优先级评价

在完成了多类别生态系统服务需求下的 GI 构建优先级评价后,本小节需要对 6 个单一生态系统服务二级指标进行综合叠加,获得综合服务需求下的 GI 构建优先级评价结果。由于 6 个指标间的协同权衡关系复杂,通过简单的两两比较难以科学获取指标间的相对重要性和具体权重,因此研究选用了层次分析法(Analytic Hierarchy Process,AHP)来对优先级权重进行判定,得到综合服务需求下的 GI 构建优先级评价结果,完成所有优先级评价内容。

5.5.1　综合服务需求下的 GI 构建优先级权重判定

指标间的相对重要性将通过 AHP 计算权重获得。该方法是 20 世纪 70 年代中期由美国的运筹学家提出。这是一种将定量与定性相结合的系统化、层次化的综合评价方法[201]。GI 规划非常强调多利益主体的共同参与,通过调查问卷的发放可以高效收集不同利益相关者对 GI 功能的诉求,使得规划结果更具科学性。为了进一步了解不同利益相关者对不同生态系统服务构建需求的看法和重要性认知,研究使用层次分析法对问卷调查收集的数据进行建模分析,用以了解不同学科背景的专家们的看法,从而进一步修正不同类别的 GI 构建需求水平。层次分析法是目前评价指标权重赋值的主要方法之一,其流程见图 5-32。

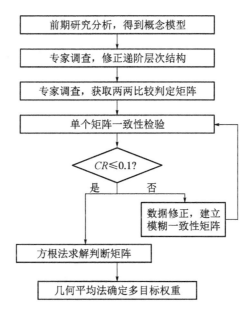

图 5-32 层次分析法确定指标权重的基本流程

1) 建立递阶层次结构

根据前文中分析可知,在设计 GI 规划时,需要考虑多方利益主体的多种需求。因此,在本研究中,GI 构建需求为目标层,该层次为多层级关系中的最高层,一般以字母 A 表示;三种服务需求(调节、支持及文化)为中间的准则层,一般以字母 B 表示;每种服务需求之下(指标层 C)的减少洪水灾害、调节城市温度、吸收碳排放、保护生物多样性、为市民提供便利、高质量的绿色休闲空间等列为具体的指标,构建出具有层次的多利益主体绿色基础设施构建需求指标体系,如表 5-10 所示。

表 5-10 多利益主体 GI 构建需求指标体系

目标层 (A)	GI 构建需求					
准则层 (B)	调节需求		支持需求		文化需求	
指标层 (C)	洪涝缓解	温度调节	碳排放 吸收	生物多样 性保护	游玩便捷 性和可 达性	景观质量 和视觉 效果

2）判断矩阵获取与求解

为保证指标权重的科学性，本研究邀请了来自科研单位、政府，以及企事业单位的生态学、人文地理学以及区域规划方面的 16 名专家学者，对他们一一进行问卷调研。问卷回收后得到各位专家打分的判断矩阵。但是为了检验各指标重要度之间的协调性，首先要对每一个判断矩阵进行一致性检验。根据公式(5-23)，运用判断矩阵的最大特征值 $\lambda_{\max}$ 计算出一致性指标(Consistency Index, CI)；在表 5-11 中，对应判断矩阵的阶数，得到随机一致性指标值(Random-consistency Index, RI)；根据公式(5-24)，计算出 CI 与 RI 之间的比率，也就得到了一致性比例(Consistency Ratio, CR)。

$$CI = \frac{\lambda_{\max} - n}{n - 1} \tag{5-23}$$

$$CR = \frac{CI}{RI} \tag{5-24}$$

表 5-11　随机一致性指标

阶数	1	2	3	4	5	6	7	8	9
RI	0	0	0.52	0.89	1.12	1.25	1.35	1.42	1.46

得到一致性比例后对其进行判断。CR 值越小，就意味着判断矩阵的一致性越好，一般以 0.1 为分界值。当 CR 值小于或等于 0.1 时，则通过检验；反之就是没有通过，需要对其进行修正。

在所有判断矩阵都通过一致性检验后，求解矩阵权重时本研究运用方根法进行计算，具体步骤见公式(5-25)、公式(5-26)和公式(5-27)。

$$M_x = \prod_{x=1}^{n} r_{xy} \quad (x = 1, 2, \cdots, n) \tag{5-25}$$

$$\bar{w}_x = M_x^{\frac{1}{n}} \quad (x = 1, 2, \cdots, n) \tag{5-26}$$

$$w_x = \frac{\bar{w}_x}{\sum_{x=1}^{n} \bar{w}_x} \quad (x = 1, 2, \cdots, n) \tag{5-27}$$

式中，M_x 为判断矩阵中各元素的乘积；$\bar{w}_x$ 为乘积的开方；w_x 为归一化处理后得到的专家对该因素的权重判定。

按照上述方法计算出全部权重判定。通过几何平均法得到准则层 B 中调节需求、支持需求和文化需求的指标权重矩阵为：

$$W_0 = (0.448\ 4,\ 0.417\ 3,\ 0.134\ 3)$$

指标层 C 中各权重矩阵表示为：

$$W_1 = (0.222\ 1,\ 0.226\ 2,\ 0.172\ 2,\ 0.245\ 2,\ 0.077\ 8,\ 0.056\ 5)$$

5.5.2 叠加结果分析

综合服务需求导向下的 GI 构建优先级评价是雨洪管理需求、热岛效应缓解需求、环境固碳需求、生物多样性需求、绿地可达性需求和景观质量需求协同权衡后的结果。如图 5-33 所示，高需求区位于主城区的老城片区、翟山片区、坝山片区、九里片区，以及都市区东北部的贾汪片区。这些区域是城市化水平最高的区域，也是人类生产、生活的聚集区，亦是各种人地关系矛盾的集中爆发点。在不考虑土地利用性质的前提下，在这些区域集中布局 GI 将会大大提升城市的生态系统服务效益和居民的福祉水平。

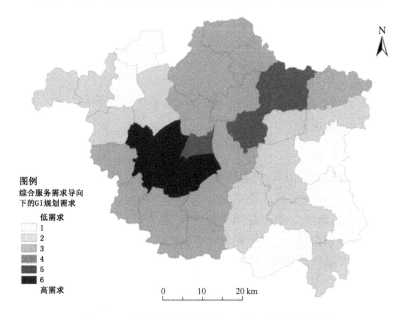

图 5-33 综合服务需求导向下的 GI 构建需求图

6 生态系统服务需求导向下的 GI 构建策略

基于不同类别生态系统服务需求制定 GI 构建方法是本研究中 GI 构建理论的核心特征。GI 的生态系统服务功能涉及调节服务、支持服务和文化服务的方方面面，单纯从一项或几项指标来制定很难实现 GI 构建的初衷和诉求，这就要求 GI 的构建方案需要根据具体需求来灵活制定。本章的研究重点在于阐述需求导向下的 GI 构建方法：首先根据第 4 章 GI 本底要素识别研究中获得的全域 GI 要素进行斑块和廊道的选取，其次将选取结果与第 5 章分析得到的 GI 构建优先级评价结果进行叠加分析，分别得到调节服务、支持服务、文化服务和综合服务需求下的 GI 构建方案和相应的管控策略。

6.1 GI 网络的定型分级

6.1.1 GI 网络定型

1）核心区构建

研究选取第 4 章 GI 本底要素识别结果中的一级和二级斑块作为核心区提取的来源。进行核心区选取之前首先要对核心区所依托的 GI 本底要素进行进一步的甄别。研究在第 4 章中完成了采煤沉陷区 GI 本底要素和全域 GI 本底要素的提取，共得到都市区 GI 斑块要素 9 354 个。在这些 GI 斑块要素中，三级斑块数量达到了 9 291 个，但由于这些斑块面积和规模较小，且呈破碎化分布，对区域生态系统服务的供给能力较低。因此在 GI 核心区选取过程中，剔除三级斑块，将一级和二级 GI 斑块选取为 GI 构建的核心区，结果如图 6-1 所示。

其中，一级斑块 11 个，面积为 12 451.84 hm²，占到全部 GI 要素面积的 27% 左右。在用地类型上主要由人工林和草地组成。一级斑块主要分布于四个区域：研究区北部的微山湖西湿地保护区的东北部分、研究区东北部的

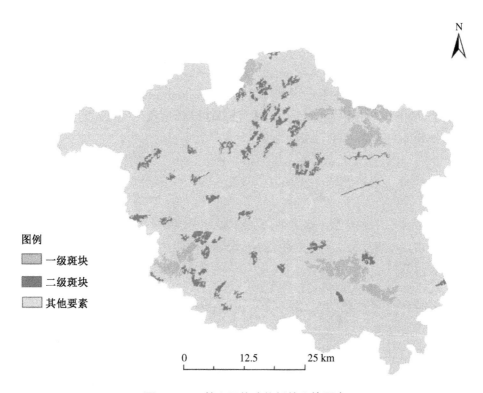

图例
一级斑块
二级斑块
其他要素

0   12.5   25 km

图 6-1 GI 核心区构建依托的斑块要素

大洞山自然保护区、研究区西南部的云龙湖风景名胜区南部,以及研究区东南部的吕梁山风景区。二级斑块共计 52 个,面积为 10 318.84 hm²,占到全部 GI 要素面积的 23%,在用地构成上主要由人工林、草地和水体组成。在空间布局方面,二级斑块主要呈现为"两区一带"式的分布格局。其中"北部区"主要集中分布于城市的北部山体森林公园和潘安湖湿地。"南部区"主要体现为云龙湖斑块、汉王公益林斑块。中部的一带呈现自西北向东南的条带式分布,主要包括九里湖、桃花源湿地、九里山、杨山、大龙湖、大湖水库,以及城南山地公园等 GI 斑块要素。

2) 廊道构建

(1) 构建方法

GI 廊道是指线性的蓝色或者绿色空间。在 GI 系统中,廊道主要起到串联斑块使之形成 GI 网络的作用。GI 廊道的功能以为动物提供活动和迁徙的路径为主,同时也为城市的调节服务和文化服务提供服务供给路径,如疏导城市热岛效应、调节雨洪、提供居民休闲游憩的通道等。研究采用最小累积阻力模型进行廊道识别。

最小累积阻力模型(简称 MCR 模型)在 20 世纪 90 年代初运用于景观规划中生境隔离度的估算中[202],随后在规划与自然保护方面应用广泛[203]。该模型是模拟物种从"源(source)"到其他目的地的生态扩散过程,是对扩散阻力的估算与累加,具体方法如公式(6-1)所示。

$$MCR = f \min \sum_{j=n}^{i=m} (D_{ij} \times R_i \times K_i) \qquad (6-1)$$

式中,MCR 表示最小阻力值,是物种为了从源 j 运动到生态单元 i 所克服的阻力;D_{ij} 表示源 j 到 i 的距离;R_i 表示 i 的阻力类别,K_i 表示 i 所面对的阻力系数值。

① "源"的确定与提取

煤炭资源型城市中"源"的确定与提取是实现最小累积阻力模型的关键之一。一般来说,"源"会从较为大型的生态斑块中提取,如生态保护区或大型的林地、水域或山体等。这类斑块具有稳定生态系统、帮助生物迁徙、促进能量流动的作用,可以作为物种扩散的源头地。但对于生态破坏较为严重的资源型城市来说,由于资源的破坏性开采,许多大型的生态斑块都遭到了一定的损坏,造成了一定的碎片化。因此,需要采用生态评价与实际情况相结合的方法来进行"源"的提取。

② 阻力因子选取

在选取阻力因子时,是根据土地利用类型来进行的。在计算中阻力值是一个相对值的概念,是采取资料查找与专家咨询的方式得出的,只能代表在本研究区域内阻力值的相对大小,评价体系中不存在量纲。

基于上述方法,研究将分别构建调节服务、支持服务、文化服务和综合服务导向下的 GI 廊道以实现生态系统服务的多种需求。

(2) 识别步骤

① 生态源地的识别

根据上文核心区 GI 斑块识别结果,将 11 个一级斑块作为"源",这些斑块是城市生态系统服务的供给主体,是 GI 网络的核心要素。其余二级斑块作为目标斑块。

② 建立景观阻力面

景观阻力面是指物种在不同景观单元之间进行迁移的难易程度。一般而言,斑块的生境适宜度越高,物种迁移的景观阻力也越小。在本研究中,景观阻力面也可以理解为不同生态系统服务导向下的能量流和物质流的传动效率。在不同的生态系统服务导向下,景观阻力面的构建也会存在较大差异。举例来说,在支持服务导向下,道路和建设用地对物种的迁徙造成了较大的阻碍,景观阻力值较大,而森林、河流湖泊等生态用地的景观阻力值较小。但在文化服务导向下,道路和城市建设用地是市民进行休闲游憩的主要通道,因此在这种情境下道路和建设用地的阻力值反而较小。

因此,阻力面的设定需要综合考虑该情境下的具体情况来进行综合判定。以调节服务导向为例,其阻力面的设定如表 6-1 所示。

表 6-1　调节服务导向下的景观阻力表

土地利用类型	新用地编码	阻力值
森林	1	15
人工林	2	10
草地	3	30
水体	4	5
水田	5	50
旱地	6	80
建设用地	7	800
道路	8	1 000

3) 筛选廊道

基于 ArcGIS10.2 中空间分析模块中"费用距离"分析功能,构建基于阻力面的"源"到目标斑块的成本距离栅格(图 6-2)和最小费用回溯链接图层(图 6-3),再利用"费用路径"命令生成由"源"到目标斑块的最小路径,在重力模型中筛选出最佳廊道。

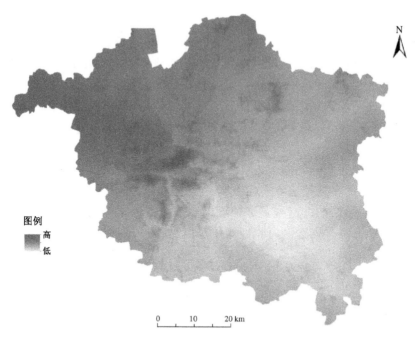

图 6-2　调节服务需求下的成本距离栅格图

图 6-3　调节服务需求下的最小费用回溯链接图层

接着对廊道进行合并整理：结合研究区实际的地形地貌和生态资源，对重叠的廊道部分进行删除，对破碎的廊道进行重新连接，最后使用拓扑查错功能对廊道进行最后的整理筛查，完成廊道构建工作。在调节服务导向下，共筛选廊道 22 条，多位于沿河地带、沿交通道路地带以及城市绿地。按照上述廊道提取步骤，同理分别获得支持服务、文化服务和综合服务导向下的 GI 廊道。

将提取的核心区与 GI 廊道进行叠加，分别获得调节服务、支持服务、文化服务和综合服务导向下的 GI 网络定型结果，见图 6-4。

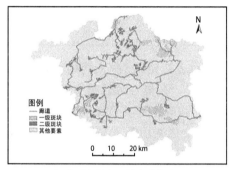

调节服务导向下的廊道构建

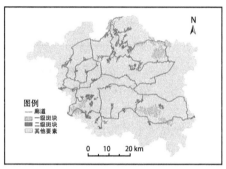

支持服务导向下的廊道构建

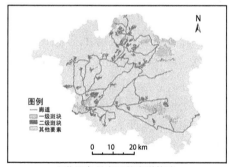

文化服务导向下的廊道构建

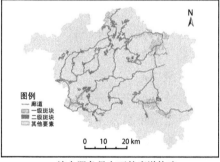

综合服务导向下的廊道构建

图 6-4 需求导向下的 GI 网络定型结果

6.1.2 GI 网络分级

完成网络定型后，将不同生态系统服务需求导向下的 GI 构建优先级评价结果与核心区、廊道提取结果分别进行叠加，进而对核心区和廊道进行分级定型，分别得到调节、支持、文化和综合服务导向下的 GI 网络构建方案。

核心区和廊道的等级划分标准详见表 6-2。

表 6-2　核心区和廊道的等级划分标准

要素等级	核心区等级划分条件	廊道等级划分条件
一级核心区/廊道	GI 构建优先级等级为 5～6 级，斑块规模为中级及以上	满足对应廊道甄别结果，串联一级和二级核心区
二级核心区/廊道	GI 构建优先级等级为 3～4 级，斑块规模为中级及以上	满足对应廊道甄别结果，串联二级和三级核心区
三级核心区/廊道	GI 构建优先级等级为 1～2 级，斑块规模为中级及以上	满足对应廊道甄别结果，串联三级核心区

在规划表达上，以"核心区"和"廊道"为表达要素对 GI 网络格局进行构建表达。核心区和廊道分别分为三个等级。在核心区的等级判定上，一级、二级、三级核心区都必须满足对应识别的 GI 本底要素斑块规模在中级以上(详见 6.1.1 节的研究结果)，且一级核心区对应斑块的生态系统服务 GI 构建优先级等级应达到 5～6 级(6 级为构建需求度最高)，二级核心区对应斑块的生态系统服务 GI 构建优先级等级应达到 3～4 级，三级核心区对应斑块的生态系统服务 GI 构建优先级等级应达到 1～2 级。在"廊道"等级的判定方面，一级、二级、三级廊道首先都要满足对应生态系统服务导向下的廊道选取结果(详见 6.1.2 节的研究结果)，且一级廊道应能够串联一级和二级核心区，二级廊道能够串联二级和三级核心区，三级廊道能够串联三级核心区。

多种需求性是该方法的核心特征。基于不同生态系统服务导向下的 GI 方案制定策略能够较为理想地解决 GI 生态系统服务庞大复杂的现实问题。调节服务导向下的 GI 规划方案侧重于解决城市因气候变迁给城市带来的一系列自然灾害；支持服务导向下的 GI 规划方案侧重于对于城市生态稳定性和生物多样性的保护；文化服务导向下的 GI 规划方案类似于城市旅游规划，主要致力于解决市民的休闲游憩的现实需求；而综合服务下的 GI 规划则扮演着国土空间规划中的生态网络规划的角色，是各类服务统筹协同的最优结果。多种需求导向下的构建方案设计不仅能灵活快速应对城市可持续发展中面临的各种问题，也有助于规划方案被不同利益相关者所采纳，保证了研究成果的普适性。调节服务、支持服务、文化服务和综合服务导向下的 GI 规划方案详见图 6-5。

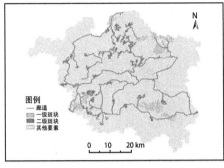
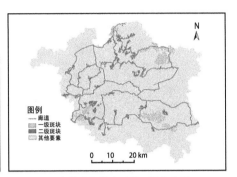

调节服务导向下的GI网络定型

支持服务导向下的GI网络定型

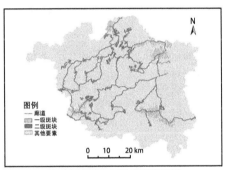

文化服务导向下的GI网络定型

综合服务导向下的GI网络定型

图 6-5 不同生态系统服务需求下的 GI 构建方案制定

6.2 调节服务需求下的 GI 构建策略

6.2.1 GI 构建结果分析

1) GI 核心区分析

在调节服务导向的情境下,徐州都市区 GI 网络中共包含核心 18 个,其中一级核心区 3 个,二级核心区 3 个,三级核心区 12 个(图 6-6)。

将调节服务 GI 规划中 18 个核心区对应的 GI 斑块与现状规划进行对比发现,绝大多数的核心区已被纳入城市生态规划体系当中,并得到了较好的维护。而未进行生态功能规划的 3 个核心皆为采煤塌陷地斑块,分别是位于义安塌陷片区的桃花源湿地斑块、张集采煤塌陷斑块,以及垞城采煤塌陷斑块。从核心等级来看,两个二级核心——九里塌陷区公园斑块和

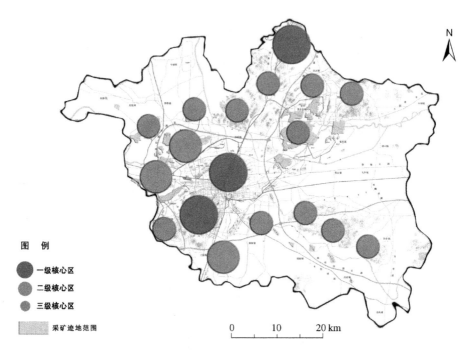

图例

一级核心区

二级核心区

三级核心区

采矿迹地范围

0   10   20 km

图 6-6   调节服务需求下的 GI 核心区构建

桃花源湿地斑块皆位于采煤沉陷区范围内。核心区的规划选取是基于生态系统服务需求和生态本底综合判定的结果，这也从侧面佐证了徐州都市区的采煤沉陷区在发挥生态系统调节服务功能方面已起到了重要的作用（表 6-3）。

表 6-3   调节服务需求下的 GI 核心区

斑块等级	GI 本底要素	生态功能类型	现状规划主导功能
一级核心区	关山—黄龙山斑块	北部山体森林公园	生物多样性保护
	杨山—荆马河斑块	北部山体森林公园	生物多样性保护
	云龙湖风景名胜区	风景名胜区	自然与人文景观保护
二级核心区	九里塌陷湿地	采煤沉陷区	煤矿塌陷地生态恢复与湿地生态系统维护
	桃花源塌陷湿地	采煤沉陷区	尚未定义
	王山—大洞山斑块	张集地下水饮用保护地	水源涵养

（续表）

斑块等级	GI本底要素	生态功能类型	现状规划主导功能
三级核心区	贾汪潘安湖湿地公园	煤矿塌陷地生态恢复区	生态恢复、湿地生态系统维护、休闲游憩
	张山—大荆山斑块	大洞山自然保护区	生物多样性保护、水源涵养
	南山—督公湖斑块	大洞山自然保护区	生物多样性保护、水源涵养
	黄龙山—独山斑块	北部山体森林公园	生物多样性保护
	奶奶山—董武湖斑块	北部山体森林公园	生物多样性保护
	张集采煤塌陷斑块	采煤塌陷地	尚未定义
	垞城采煤塌陷斑块	采煤塌陷地	尚未定义
	拉犁山斑块	公益林	水源涵养、水土保持
	大龙湖斑块	市级综合公园	休闲游憩、防灾
	老回山—黄龙山斑块	城南山体公园	生物多样性保护
	吕梁山斑块	圣人窝自然保护区	生物多样性保护、自然与人文景观保护
	崔贺水库斑块	张集地下水饮用保护地	水源涵养

调节服务导向下的GI规划核心任务是对桃花源湿地斑块、张集采煤塌陷斑块，以及垞城采煤塌陷斑块GI进行规划和落实。一方面，这些斑块对城市生态系统调节服务的意义重大；另一方面，这些区域已具备了较好的生态本底水平，在规划落实投入和产出比上能取得较高的效益。

2）GI廊道分析

调节服务导向下共包含8条生态廊道（图6-7），其中一级廊道为北部山体—云龙湖—拉犁山廊道、顺堤河—拾屯河—荆马河—房亭河廊道、义安山—拉犁山—托龙山—吕梁山廊道。在空间格局上表现为"两横一纵"的布局模式。三条一级廊道涵盖了综合廊道、水体廊道和山体廊道三种类型。二级廊道两条，分别为京杭运河—九里湖—九里山—楚王山—义安山廊道和大洞山—潘安湖—北湖—大龙湖廊道。这两条廊道分别位于主城区两侧，呈纵向布局。三级廊道共三条，分别为北部山体—大洞山廊道、京杭运河廊道、楚王山—义安山—拉犁山廊道，这些廊道呈东西横向布局，主要起到缓解核心生态系统服务压力,疏导生态功能流动的作用(表 6-4)。

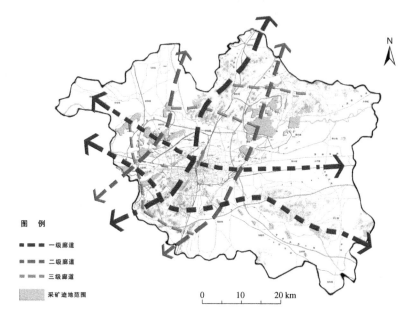

图 6-7 调节服务导向下的 GI 廊道规划

表 6-4 调节服务需求下的 GI 廊道

廊道等级	廊道名称	类型
一级廊道	北部山体—云龙湖—拉犁山廊道	综合廊道
	顺堤河—拾屯河—荆马河—房亭河廊道	水体廊道
	义安山—拉犁山—托龙山—吕梁山廊道	山体廊道
二级廊道	京杭运河—九里湖—九里山—楚王山—义安山廊道	综合廊道
	大洞山—潘安湖—北湖—大龙湖廊道	水体廊道
三级廊道	北部山体—大洞山廊道	山体廊道
	京杭运河廊道	水体廊道
	楚王山—义安山—拉犁山廊道	山体廊道

3) GI 网络格局分析

从整体构建格局上来看(图 6-8),调节服务导向下的 GI 规划格局呈现出明显的两片区分布。位于北部的一级核心区:关山—黄龙山斑块位于北部山体公园和微山湖湿地保护区的交界地带,是徐州都市区重要的生态功能区。虽然该斑块离主城区距离较远,但因其强大的热岛效应缓解和雨洪调控服务供给能力,其作为一级核心区能够有效缓解主城区的生态压力。另一片区位于徐州都市区主城区范围内,汇集了 2 个一级核心,3 个二级核心共计 5 个核心斑块。这些区域是城市调节服务供给的重点,同时也应通过规划的编制和实施加强采煤沉陷区斑块的生态系统服务能力。廊道方面,规划布局上整体呈现出"两横三纵"的布局模式,对主城区形成了一种合围的态势。山体廊道和水体廊道能够有效疏导城市的热岛气流,提升地表径流强度,减少极端气候事件的发生。

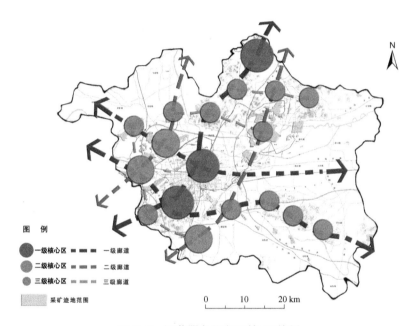

图 6-8 调节服务导向下的 GI 格局

6.2.2 GI 管控策略制定

1) 核心区管控建议

(1) 一级核心区管控

一级核心区(关山—黄龙山斑块、杨山—荆马河斑块、云龙湖风景名胜区)是都市区重要的生物多样性、自然与人文景观保护区。这些斑块是维持城市生态安全格局的核心部分,应予以严格保育维护。管控措施如下:

① 严格控制在上述一级核心区内进行新的开发建设活动,对于已经进

行的建设活动应严格把控,杜绝开发建设过程中对生态环境的干扰;

② 实时监控斑块生态系统性状,加强生境维护,严格控制人类活动对一级核心区的干扰;

③ 在一级核心区可适当开展以自然风光欣赏为内容的旅游项目;

④ 注重区内珍稀和濒危物种的保护和监测,并划定保护区范围。

（2）二级核心区管控

二级核心区包括九里塌陷区公园斑块、桃花源湿地斑块、王山—大洞山斑块,建议管控措施如下:

① 以恢复核心区内的未修复采煤沉陷区为主,合理协调修复的速度和质量,切勿开展面子工程,避免急功近利的情况;

② 严格把关环境影响评价工作,禁止开展对生态环境造成损害的建设项目;

③ 重点关注对已修复沉陷区的水体质量的监测和治理工作;

④ 在不影响核心区水源调蓄和涵养的前提下,可以开展以湿地休闲观光为主的旅游开发建设活动。

（3）三级核心区管控

三级核心区包括张山—大荆山斑块、南山—督公湖斑块、黄龙山—独山斑块、奶奶山—董武湖斑块、张集采煤塌陷斑块、垞城采煤塌陷斑块、拉犁山斑块、大龙湖斑块、老回山—黄龙山斑块、吕梁山斑块、崔贺水库斑块,涵盖了森林公园、采煤塌陷地、公益林等类型。管控措施如下:

① 加强对山体景观和水体景观的维护;

② 确定核心区内采煤沉陷区的修复时序和重点;

③ 可发展以自然风光欣赏为主的旅游性的开发活动。

2）廊道管控建议

徐州都市区 GI 生态廊道管控建议的制定主要根据廊道的级别、廊道的功能给予不同的管控措施。

（1）一级廊道

一级廊道包括北部山体—云龙湖—拉犁山廊道、顺堤河—拾屯河—荆马河—房亭河廊道、义安山—拉犁山—托龙山—吕梁山廊道,涵盖了河流、山体、综合的廊道类型,这些廊道对于缓解城市热岛效应、平衡区域径流水平具有重要意义。建议减少廊道及周围的开发建设活动,维护一级廊道的能量流动和物质疏解能力。严格限制对廊道及周边水体的污染和破坏行为,建议设置 400 m 的构建宽度。

（2）二级廊道

二级廊道主要包括京杭运河—九里湖—九里山—楚王山—义安山廊道和大洞山—潘安湖—北湖—大龙湖廊道，为综合型廊道和水体廊道。这些廊道主要起到连接一级、二级核心区并辅助一级廊道发挥生态系统调控服务的功能。建议设置 200 m 的构建宽度，加强对廊道周边建设活动的监控管制。

（3）三级廊道

三级廊道主要包括北部山体—大洞山廊道、京杭运河廊道和楚王山—义安山—拉犁山廊道。这些廊道起连接三级核心区和二级廊道的作用，建议设置 100 m 的构建宽度，并注重净化水质，加强河流两侧的生态建设与保护。

6.3 支持服务需求下的 GI 构建策略

6.3.1 GI 构建结果分析

1）GI 核心区分析

在需求服务情境下，徐州都市区 GI 网络中共包含核心区 20 个，其中一级核心区 4 个，二级核心区 3 个，三级核心区 13 个（图 6-9）。

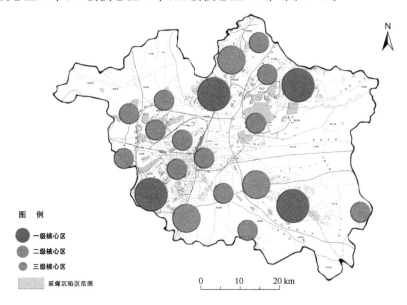

图 6-9 支持服务需求下的 GI 核心区构建

其中一级核心区对应北部山体公园、吕梁山风景区、大洞山自然保护区斑块和汉王公益林。一级核心区涵盖了城市的自然保护区、森林公园和山体公园,是城市重要的生态源斑块和生态系统服务供给的主要来源地。二级核心区紧邻一级核心区分布,包括北部的大王山斑块、南部的洞山—王山斑块和阎山—黄龙山斑块,这些斑块在等级和规模上相对较小,但仍是城市中维持生物多样性、提升生境质量的重要组成部分。三级核心区集中分布于研究区的西南部和北部,这些核心区是一二级核心区的补充,是物种迁徙和活动的节点,也是构成生态网络的骨架(表6-5)。

表6-5　支持服务需求下的GI核心区

斑块等级	GI本底要素	生态功能类型	现状规划主导功能
一级核心区	马山—长山斑块	北部山体森林公园	生物多样性保护
	大荆山—黄山斑块	大洞山自然保护区	生物多样性保护、水源涵养
	拉犁山斑块	公益林	水源涵养、水土保持
	中山—狼山—大洞山斑块	吕梁山风景区	生物多样性保护
二级核心区	大王山—大毛山斑块	山体公园	生物多样性保护
	洞山—王山斑块	张集地下水饮用保护地	水源涵养
	老回山—黄龙山斑块	山体公园	生物多样性保护
三级核心区	潘安湖塌陷湿地斑块	采煤沉陷修复区	生态恢复、湿地生态系统维护、休闲游憩
	关山—黄龙山斑块	北部山体森林公园	生物多样性保护
	黄龙山—独山斑块	北部山体森林公园	生物多样性保护
	张集采煤塌陷斑块	采煤塌陷地	尚未定义
	垞城采煤塌陷斑块	采煤塌陷地	尚未定义
	桃花源湿地斑块	采煤塌陷地	尚未定义
	九里塌陷湿地斑块	采煤沉陷修复区	采煤沉陷修复与湿地景观维护
	大龙湖斑块	市级综合公园	休闲游憩、防灾
	云龙湖风景名胜区	风景名胜区	自然与人文景观保护
	子房山—响山斑块	市级公园绿地	休闲游憩
	杨洼水库斑块	张集地下水饮用保护地	水源涵养
	红旗水库斑块	水库	尚未定义
	吕梁山水库斑块	水库	尚未定义

将支持服务 GI 构建中 20 个核心区所对应的 GI 斑块与现状规划进行对比发现,大部分的核心区已被纳入城市生态规划体系当中,并得到了较好的维护。仅有三个采煤塌陷地斑块未列入生态功能规划的保护范围,分别是位于义安塌陷片区的桃花源湿地斑块、张集采煤塌陷斑块,以及垞城采煤塌陷斑块。与调节服务需求导向类似,支持服务导向下的 GI 构建核心任务是对桃花源湿地斑块、张集采煤塌陷斑块,以及垞城采煤塌陷斑块 GI 进行规划和落实。一方面这些斑块对城市支持服务具有较为重要的意义;另一方面,这些区域经生态自我修复已具备了较好的生态潜力,在规划落实投入和产出比上能取得较高的效益。

2)GI 廊道分析

支持服务导向下共包含 9 条生态廊道(图 6-10)。

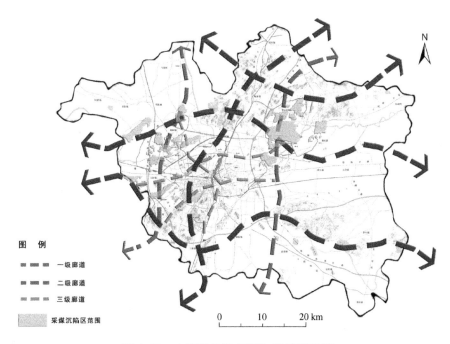

图 6-10 支持服务需求下的 GI 廊道构建

其中一级廊道为:北部山体—云龙湖—拉犁山廊道、九里湖—不老河—潘安湖—京杭运河廊道、微山湖—独山—大洞山廊道、义安山—拉犁山—托龙山—吕梁山廊道。在空间格局上表现为"三横一纵"的布局模式。四条一级廊道涵盖了综合廊道、水体廊道和山体廊道三种类型。二级廊道两条,分别为九里湖—九里山—桃花源—义安山廊道和潘安湖—大庙山—老回山—杨洼水库廊道。这两条廊道分别位于主城区东西两侧,呈纵向布局。三级廊道共三条,分别为九里山—子房山—托龙山廊道、义安山—故黄河—大庙山廊道和拉犁山—云龙湖—骆驼山—金龙湖廊道,这些廊道呈"两横一纵"的布局模式,主要为物种的迁徙和活动提供跃迁路径,也起到疏导生态功能流动、缓解一二级廊道压力的作用(表6-6)。

表6-6 支持服务需求下的 GI 廊道

廊道等级	廊道名称	类型
一级廊道	北部山体—云龙湖—拉犁山廊道	综合廊道
	九里湖—不老河—潘安湖—京杭运河廊道	水体廊道
	微山湖—独山—大洞山廊道	综合廊道
	义安山—拉犁山—托龙山—吕梁山廊道	山体廊道
二级廊道	九里湖—九里山—桃花源—义安山廊道	综合廊道
	潘安湖—大庙山—老回山—杨洼水库廊道	综合廊道
三级廊道	九里山—子房山—托龙山廊道	山体廊道
	义安山—故黄河—大庙山廊道	综合廊道
	拉犁山—云龙湖—骆驼山—金龙湖廊道	综合廊道

3) GI 网络格局分析

从整体格局上来看(图6-11),支持服务导向下的 GI 网络呈现出"四片区"的分布模式。

位于北部的马山—长山斑块地处北部山体公园和微山湖湿地保护区的交界地带,是徐州都市区重要的生物多样性保护区。位于东部的大荆山—黄山斑块地处徐州大洞山自然保护区内,该区域的主导功能是生物多样性保护和水源涵养。都市区南部的两个一级核心区和两个二级核心区分别分布于云龙湖风景名胜区和吕梁山风景区内。其范围内的生态功能类型涵盖了风景名胜区、公益林、地下饮用水源保护区以及自然保护区。上述"四片区"是徐州都市区支持服务供给的主体,也是维持区域生态系统稳定的关键。在廊道方面,布局上整体呈现出"两横三纵"的模式,对主城区形成了一种合围的态势。山体廊道和水体廊道能够为动物的迁徙和活动提供安全的路径,维持生态系统的活力和健康运转。

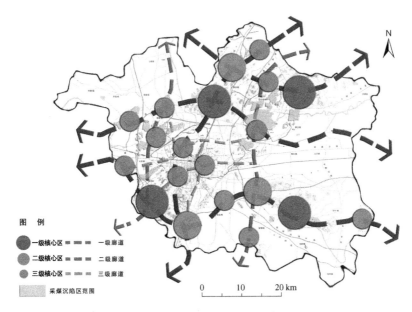

图 6-11　支持服务需求下的 GI 格局

6.3.2　GI 管控策略制定

1) 核心区管控建议

(1) 一级核心区管控

一级核心区包括：马山—长山斑块、大荆山—黄山斑块、拉犁山斑块和中山—狼山—大洞山斑块。它们是都市区重要的自然保护区、森林公园、水源涵养地。这些区域的 GI 是维持城市生态系统稳定健康运行的核心部分，应严格保护，管控措施如下：

① 禁止在上述一级核心区内进行新的开发建设活动。对于已经进行的建设活动应逐步退出，杜绝开发建设过程中对生态环境的干扰。

② 严格维护生境质量，保护生物多样性。对于保护状态优良的地段应严格控制人类活动干扰。

③ 在一级核心区可适当开展以自然风光欣赏为内容的旅游项目，禁止大规模开发建设。

④ 注重区域内珍稀和濒危物种的保护和监测，并划定保护区范围。

(2) 二级核心区管控

二级核心区包括大王山—大毛山斑块、王山—大洞山斑块和老回山—

黄龙山斑块,建议管控措施如下:

① 以复垦和恢复采煤沉陷湿地为主,保护和优化区域生态系统;

② 禁止建设对 GI 本底要素等造成损害的项目,对于已经开工的项目应立即叫停,并对造成的生态损毁进行恢复;

③ 加强区域内河流、湿地、湖泊的保护,注重水质净化和水源涵养;

④ 区域内的一切建设活动必须严格按照新一轮的国土空间规划进行。

(3) 三级核心区管控

三级核心区包括贾汪潘安湖湿地公园、关山—黄龙山斑块、黄龙山—独山斑块、黄山—马山斑块、张集采煤塌陷斑块、垞城采煤塌陷斑块、桃花源湿地斑块、九里塌陷区公园斑块、大龙湖斑块、云龙湖风景名胜区、子房山—响山斑块、杨洼水库斑块、红旗水库斑块和吕梁山水库斑块。涵盖了森林公园、采煤塌陷地、公益林、综合公园、水库等功能划分。管控措施如下:

① 加强对采煤沉陷区内蓝色和绿色空间的修复和整治;

② 严格控制区域内建设活动的强度;

③ 可开展以自然风光欣赏为主的旅游活动。

2) 廊道管控建议

徐州都市区 GI 生态廊道管控建议的制定主要根据廊道的级别、廊道的功能给予不同的管控措施。

(1) 一级廊道

一级廊道包括北部山体—云龙湖—拉犁山廊道、九里湖—不老河—潘安湖—京杭运河廊道、微山湖—独山—大洞山廊道和义安山—拉犁山—托龙山—吕梁山廊道。这些廊道连通了 GI 一级核心区,对于区域物种的活动和迁移具有重要意义。建议严格排查疏导一级廊道的连通性,保证动物活动迁徙的路径畅通。严格限制廊道两侧的建设活动,建议予以廊道 400 m 的构建宽度。

(2) 二级廊道

二级廊道包括九里湖—九里山—桃花源—义安山廊道和潘安湖—大庙山—老回山—杨洼水库廊道。这些廊道主要起到连接一二级核心区并辅助一级廊道提供生态系统支持服务的作用。建议给予廊道 200 m 的构建宽度,保护廊道及两侧的生物多样性。

(3) 三级廊道

三级廊道包括九里山—子房山—托龙山廊道、义安山—故黄河—大庙山廊道和拉犁山—云龙湖—骆驼山—金龙湖廊道。这些廊道起到串联三级核心区和二级廊道的作用,建议设置 100 m 的构建宽度,并注重净化水质,加强河流两侧的生态建设与保护。

6.4 文化服务需求下的 GI 构建策略

6.4.1 GI 构建结果分析

1) GI 核心区分析

在文化服务需求情境下,徐州都市区 GI 网络中共包含核心区 16 个,其中一级核心区 2 个,二级核心区 4 个,三级核心区 10 个(图 6-12)。

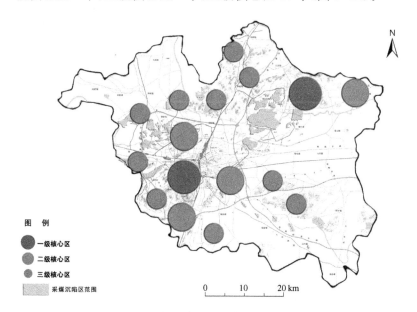

图 6-12 文化服务需求下的 GI 核心区构建

其中一级核心区对应大洞山—督公湖斑块和云龙湖风景名胜区。大洞山—督公湖斑块和云龙湖风景名胜区,分别服务于贾汪区和主城片区,满足市民的休闲游憩活动。二级核心区为大荆山—张山斑块、九里山斑块、托龙山—大洞山斑块和大龙湖斑块。这些区域是城市山体公园所在位置。三级核心区主要分布在采煤塌陷地和自然保护区范围内,这些区域兼顾了生物多样性保护、自然与人文景观保护,以及徒步、运动休闲的功能。具体详见表 6-7。

表6-7　文化服务需求下的GI核心区

斑块等级	GI本底要素	生态功能类型	现状规划主导功能
一级核心区	大洞山—督公湖斑块	大洞山自然保护区	休闲游憩、水源涵养、生物多样性保护
	云龙湖风景名胜区	风景名胜区	自然与人文景观保护
二级核心区	大龙湖斑块	市级综合公园	休闲游憩、防灾
	大荆山—张山斑块	大洞山自然保护区	生物多样性保护、水源涵养
	九里山斑块	城市山体公园	休闲游憩、生物多样性保护
	托龙山—大洞山斑块	城市山体公园	休闲游憩、生物多样性保护
三级核心区	大王山—大毛山斑块	北部山体森林公园	生物多样性保护
	黄龙山—独山斑块	北部山体森林公园	生物多样性保护
	奶奶山—董武湖斑块	北部山体森林公园	生物多样性保护
	张集采煤塌陷斑块	采煤塌陷地	尚未定义
	垞城采煤塌陷斑块	采煤塌陷地	尚未定义
	桃花源采煤沉陷湿地斑块	采煤沉陷湿地	尚未定义
	拉犁山斑块	公益林	水源涵养、水土保持
	黄山—马山斑块	圣人窝自然保护区	生物多样性保护、自然与人文景观保护
	中山—狼山—大洞山斑块	圣人窝自然保护区	生物多样性保护、自然与人文景观保护
	女娥山斑块	七里源地下水饮用水源保护区	水源涵养

2）GI廊道分析

文化服务导向下共包含10条生态廊道(图6-13)。

其中一级廊道为：托龙山—泉山—泰山—云龙山—大洞山廊道和义安山—云龙山—云龙湖—吕梁山廊道。这两条廊道串联起了徐州都市区内的主要自然风光景点。二级廊道三条，分别为北部山体—云龙湖—拉犁山廊道、大洞山—潘安湖—北湖—大龙湖廊道和潘安湖—大庙山—老回山—杨洼水库廊道，呈纵向布局。三级廊道共五条，分别为九里湖—楚王山—义安山廊道、九里湖—九里山—拉犁山廊道、张集—垞城—留武湖廊道、潘安

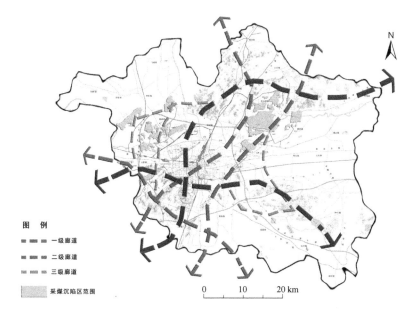

图例

- ▬ ▬　一级廊道
- ▬ ▪ ▬　二级廊道
- - - -　三级廊道

▨　采煤沉陷区范围

0　　10　　20 km

图 6-13　文化服务需求下的 GI 廊道构建

湖—京杭运河—南部山体廊道和大龙湖—故黄河—吕梁山廊道。与调节和支持服务导向下的廊道不同的是,文化服务导向下的廊道主要沿道路和景观轴线分布,串联风景名胜区,是居民休闲观光的路径和节点(表 6-8)。

表 6-8　文化服务需求下的 GI 廊道

廊道等级	廊道名称	类型
一级廊道	托龙山—泉山—泰山—云龙山—大洞山廊道	山体廊道
	义安山—云龙山—云龙湖—吕梁山廊道	山体廊道
二级廊道	北部山体—云龙湖—拉犁山廊道	综合廊道
	大洞山—潘安湖—北湖—大龙湖廊道	水体廊道
	潘安湖—大庙山—老回山—杨洼水库廊道	综合廊道
三级廊道	九里湖—楚王山—义安山廊道	山体廊道
	九里湖—九里山—拉犁山廊道	综合廊道
	张集—垞城—留武湖廊道	水体廊道
	潘安湖—京杭运河—南部山体廊道	综合廊道
	大龙湖—故黄河—吕梁山廊道	综合廊道

3) GI 网络格局分析

从整体格局上来看(图 6-14),文化服务导向下的 GI 一二级核心区大都位于徐州都市区风景名胜区和城市公园内。其中,一级核心区范围内的云龙湖风景区是国家 5A 级风景名胜区,是集休闲游憩、生态旅游、休闲度假、历史人文等综合功能为一体的综合型景区;位于贾汪区境内的大洞山风景区是国家 4A 级景区,景点涵盖了茱萸寺、万亩石榴园、梯田摄影基地等,是集休闲、娱乐、养生、观光于一体的自然景区。文化服务导向下的核心区是都市区居民休闲游憩的主要目的地。在廊道方面,文化服务导向下的廊道主要沿城市的主要道路和景观轴线分布,构建的目的在于为市民的休闲观光提供便捷的交通和可达性。

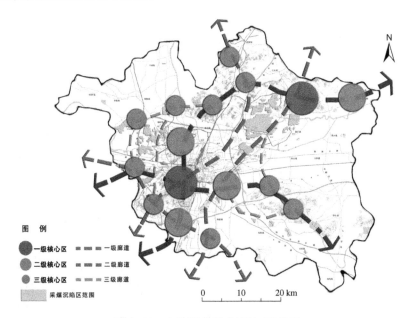

图 6-14　文化服务需求下的 GI 格局

6.4.2　GI 管控策略制定

1) 核心区管控建议

(1) 一级核心区管控

一级核心区包括大洞山—督公湖斑块和云龙湖风景名胜区。它们是城市的重要人文景观保护区和市民休闲游憩的目的地。应平衡好开发和保护的关系,对于会造成生态干扰的活动应一律禁止。具体保护与管控建议如下:

① 以保护生物多样性和栖息地多样性为前提,保护自然风景的质量,限制过度开发活动;

② 权衡景区内自然资源和人文资源的关系,控制旅游开发强度;

③ 在生态敏感性较低的生态空间内可适当开发自然观光类旅游项目。

（2）二级核心区管控

二级核心区包括大王山—大毛山斑块、王山—大洞山斑块和老回山—黄龙山斑块,建议管控措施如下:

① 以复垦和恢复采煤沉陷湿地为主,保护和优化区域生态系统;

② 禁止建设对 GI 本底要素等造成损害的项目,对于已经开工的项目应立即叫停,并对造成的生态损毁进行恢复;

③ 加强对山体公园和森林公园的生境优化,减少人为干预,强调自然演替对丰富山体植被种类的作用;

④ 对于建设性和开发性活动,必须严格按照新一轮的国土空间规划进行。

（3）三级核心区管控

三级核心区包括大王山—大毛山斑块、黄龙山—独山斑块、奶奶山—董武湖斑块、张集采煤塌陷斑块、垞城采煤塌陷斑块、桃花源湿地斑块、拉犁山斑块、黄山—马山斑块、中山—狼山—大洞山斑块和女娥山斑块。涵盖了森林公园、采煤塌陷地、公益林、综合公园等功能。管控措施如下:

① 加强对山体景观和水体景观的维护,强化旅游服务设施建设;

② 依托自然本底,可开发建设小尺度的社区级公园绿地;

③ 可开展以自然风光欣赏为主的旅游活动。

2）廊道管控建议

徐州都市区 GI 生态廊道管控建议的制定主要根据廊道的级别、廊道的功能给予不同的管控措施。

（1）一级廊道

一级廊道包括托龙山—泉山—泰山—云龙山—大洞山廊道和义安山—云龙山—云龙湖—吕梁山廊道。文化服务导向下的廊道主要沿道路和景观轴线分布,串联风景名胜区,是居民休闲观光的路径和节点,廊道应以提升景观质量为主,建议设置 400 m 的构建宽度。

（2）二级廊道

二级廊道分别为北部山体—云龙湖—拉犁山廊道、大洞山—潘安湖—北湖—大龙湖廊道和潘安湖—大庙山—老回山—杨洼水库廊道。这些廊道主要起到连接一二级核心区的作用。建议设置 200 m 的构建宽度。

（3）三级廊道

三级廊道主要包括九里湖—楚王山—义安山廊道、九里湖—九里山—拉犁山廊道、张集—垞城—留武湖廊道、潘安湖—京杭运河—南部山体廊道和大龙湖—故黄河—吕梁山廊道，建议设置 200 m 的构建宽度。

6.5 综合服务需求下的 GI 构建策略

6.5.1 GI 构建结果分析

1）GI 核心区分析

综合服务是在综合服务需求情境下调节服务、支持服务和文化服务协同权衡的结果。在此情境下，徐州都市区 GI 网络中共包含核心区 18 个，其中一级核心区 4 个，二级核心区 5 个，三级核心区 9 个（图 6-15）。其中一级核心区包括马山—长山斑块、大洞山—督公湖斑块、云龙湖风景名胜区和子房山—响山斑块。一级核心区涵盖了城市的自然保护区、风景名胜区、森林公园和市级公园绿地，功能主导类型有生物多样性保护、水源涵养、自然与人文景观保护和休闲游憩。这些斑块综合提供了生态系统服务的调节服务、支持服务和文化服务，是城市重要的生态源斑块。二级核心区包括大荆

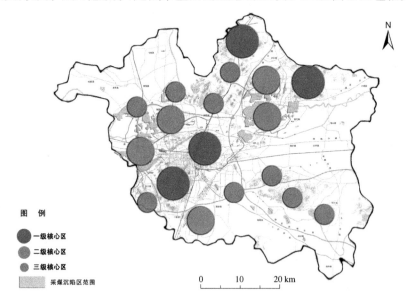

图 6-15 综合服务需求下的 GI 核心区构建

山—黄山斑块、潘安采煤沉陷湿地斑块、桃花源采煤沉陷湿地斑块、九里采煤沉陷湿地斑块、崔贺水库斑块。这些斑块在等级和规模上相对较小,但仍是城市生态系统服务供给的重要组成部分。三级核心区呈条带状集中分布于研究区的西北部和东南部,这些核心区是一二级核心区的补充(表6-9)。

表6-9 综合服务需求下的GI核心区

斑块等级	GI本底要素	生态功能类型	现状规划主导功能
一级核心区	马山—长山斑块	北部山体森林公园	生物多样性保护
	大洞山—督公湖斑块	大洞山自然保护区	生物多样性保护、水源涵养
	云龙湖风景名胜区	风景名胜区	自然与人文景观保护
	子房山—响山斑块	市级公园绿地	休闲游憩
二级核心区	大荆山—黄山斑块	大洞山自然保护区	生物多样性保护、水源涵养
	潘安采煤沉陷湿地斑块	煤矿塌陷地生态恢复区	生态恢复、湿地生态系统维护、休闲游憩
	桃花源采煤沉陷湿地斑块	采煤沉陷湿地	尚未定义
	九里采煤沉陷湿地斑块	采煤沉陷湿地	采煤沉陷湿地修复
	崔贺水库斑块	张集地下水引用保护地	水源涵养
三级核心区	中山—狼山—大洞山斑块	圣人窝自然保护区	生物多样性保护、自然与人文景观保护
	黄山—马山斑块	圣人窝自然保护区	生物多样性保护、自然与人文景观保护
	大龙湖斑块	市级综合公园	休闲游憩、防灾
	老回山—黄龙山斑块	城南山体公园	生物多样性保护
	拉犁山斑块	公益林	水源涵养、水土保持
	张集采煤塌陷斑块	采煤塌陷地	尚未定义
	垞城采煤塌陷斑块	采煤塌陷地	尚未定义
	黄龙山—独山斑块	北部山体森林公园	生物多样性保护
	奶奶山—董武湖斑块	北部山体森林公园	生物多样性保护

需要强调的是,在 5 个二级核心区中,采煤塌陷地斑块占据了 3 个,分别是桃花源塌陷湿地斑块、九里湖采煤沉陷湿地斑块和潘安湖采煤沉陷湿地斑块。一方面,这说明上述采煤沉陷湿地斑块对城市生态系统服务的供给具有重要的意义,同时也是 GI 格局中的重要结构要素。另一方面,这些区域经生态自我修复已具备了较好的生态潜力,在规划落实投入和产出比上能取得较高的效益。九里和潘安采煤沉陷湿地斑块已得到了良好的修复治理并已取得多方面的生态效益。综合服务导向下 GI 规划构建的核心任务是对桃花源采煤沉陷湿地斑块 GI 进行生态修复和规划和落实。

2)GI 廊道分析

综合服务导向下共包含 7 条生态廊道(图 6-16),其中一级廊道为北部山体—云龙湖—拉犁山廊道、义安山—九里山—北部山体—大洞山廊道、九里湖—九里山—狮子山—故黄河廊道和桃花源—云龙湖—托龙山—吕梁山廊道。在空间格局上表现为“两横两纵”的布局模式。四条一级廊道涵盖了综合廊道和山体廊道两种类型。二级廊道三条,分别为张集—义安—桃花源廊道、大洞山—潘安湖—北湖—大龙湖廊道和大洞山—潘安湖—吕梁山廊道,呈“一横两纵”布局。综合服务导向下的 GI 廊道主要起到疏导生态系统服务能量流动、缓解一二级廊道压力的作用(表 6-10)。

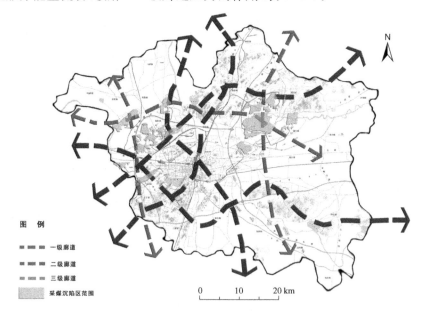

图 6-16　综合服务需求下的 GI 廊道构建

表 6-10 综合服务需求下的 GI 廊道

廊道等级	廊道名称	类型
一级廊道	北部山体—云龙湖—拉犁山廊道	综合廊道
	义安山—九里山—北部山体—大洞山廊道	山体廊道
	九里湖—九里山—狮子山—故黄河廊道	综合廊道
	桃花源—云龙湖—托龙山—吕梁山廊道	山体廊道
二级廊道	张集—义安—桃花源廊道	综合廊道
	大洞山—潘安湖—北湖—大龙湖廊道	水体廊道
	大洞山—潘安湖—吕梁山廊道	综合廊道

3）GI 网络格局分析

从整体格局上来看，综合服务导向下的 GI 网络呈现两片区分布（图 6-17）。北部片区包括了微山湖湿地、北部山体森林公园、大洞山风景区和潘安湖湿地公园，集聚分布了 2 个一级核心区、2 个二级核心区和 2 个三级核心区。北部片区的生态功能涵盖了生物多样性保护、水源涵养、自然与人文景观保护、煤矿塌陷地生态恢复与湿地生态系统维护等。南部片区以徐州都市区主城区为中心，汇集了 2 个一级核心区、3 个二级核心区和 2 个三

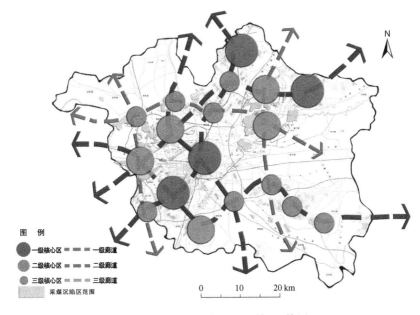

图 6-17 综合服务需求下的 GI 格局

级核心区。南部片区范围内的生态斑块包括云龙湖风景名胜区、汉王公益林、桃花源采煤沉陷湿地、狮子山汉文化景区、新城区大龙湖湿地等。这些斑块在发挥生物多样性保护、水源涵养、自然与人文景观保护功能的同时，也更多地发挥着文化服务功能，为市民提供了休闲游憩和欣赏自然风光的去处。在廊道方面，一级和二级廊道以南北纵向布局为主，起到连通南北两片区的功能。核心区与廊道对主城区形成了一种合围串联的态势，保证了生态系统能量流的传递运行。

6.5.2 GI 管控策略制定

1）核心区管控建议

（1）一级核心区管控

一级核心区包括马山—长山斑块、大洞山—督公湖斑块、云龙湖风景名胜区和子房山—响山斑块。涵盖了城市的自然保护区、风景名胜区、森林公园和市级公园绿地，功能主导类型有生物多样性保护、水源涵养、自然与人文景观保护和休闲游憩。这些斑块是城市提供生态系统服务的核心部分，应予以严格保育维护，管控措施如下：

① 严格控制在上述一级核心区内进行新的开发建设活动，对于已经进行的建设活动应严格把控，杜绝开发建设过程中对生态环境的干扰；

② 严格维护生境质量，保护生物多样性，对于保护状态优良的地段应严格控制人类活动干扰；

③ 在生态敏感性不高的生态空间可适当开展以自然风光欣赏为主的旅游活动；

④ 注重区域内珍稀和濒危物种的保护和监测，并划定保护区范围。

（2）二级核心区管控

二级核心区包括大荆山—黄山斑块、贾汪潘安湖湿地公园、桃花源湿地斑块、九里塌陷区公园斑块、崔贺水库斑块。建议管控措施如下：

① 以复垦和恢复采煤沉陷湿地为主，保护和优化区域生态系统；

② 禁止建设对 GI 本底要素等造成损害的项目，对于已经开工的项目应立即叫停，并对造成的生态损毁进行恢复；

③ 加强区域内河流、湿地、湖泊的保护，恢复水体质量与水源调蓄涵养；

④ 区域内的一切建设活动必须严格按照新一轮的国土空间规划进行。

（3）三级核心区管控

三级核心区包括中山—狼山—大洞山斑块、黄山—马山斑块、大龙湖斑块、老回山—黄龙山斑块、拉犁山斑块、张集采煤塌陷斑块、垞城采煤塌陷斑块、黄龙山—独山斑块和奶奶山—董武湖斑块。具体管控建议如下：

① 加强对采煤沉陷区内蓝色和绿色空间的修复和整治；

② 严格控制区域内建设活动的强度；

③ 可开展以自然风光欣赏为主的旅游活动。

2）廊道管控建议

徐州都市区 GI 生态廊道管控建议的制定主要根据廊道的级别、廊道的功能给予不同的管控措施。

（1）一级廊道

一级廊道包括北部山体—云龙湖—拉犁山廊道、义安山—九里山—北部山体—大洞山廊道、九里湖—九里山—狮子山—故黄河廊道和桃花源—云龙湖—托龙山—吕梁山廊道，涵盖了河流、山体。建议减少廊道及周围的开发建设活动，维护一级廊道的能量流动和物质疏解能力。严格限制对廊道及周边水体的污染和破坏行为，建议设置 400 m 的构建宽度。

（2）二级廊道

二级廊道主要包括张集—义安—桃花源廊道、大洞山—潘安湖—北湖—大龙湖廊道和大洞山—潘安湖—吕梁山廊道。这些廊道主要起到连接一二级核心区并促进生态系统服务能量流动的作用。建议给予廊道 100～300 m 的宽度，并对廊道两侧的开发建设情况进行限制。

附　录

附录一　徐州市各类公园汇总

（1）市级综合公园

编号	名称	面积/km²	位置
1	九龙湖公园	9.19	中山北路与二环北路交汇处
2	云龙公园	24.57	和平路北侧,电视塔东侧,王陵路以南
3	戏马台公园	2.11	户部山
4	快哉亭公园	3.99	建国东路与解放南路交叉口东北
5	彭祖园	23.60	泰山路东侧,徐州四院西
6	两河口公园	5.47	丁万河与徐运新河交汇处
7	小锅山公园	18.83	楚河路与珠江西路交汇处南
8	娇山湖公园	18.99	娇山湖及周边
9	无名山公园	13.49	无名山及其周边
10	大龙湖市民公园	332.31	大龙湖水库周围
11	金龙湖公园	27.88	汉源大道与徐海路交叉东南
12	珠山宕口公园	26.70	振兴大道与中央大道交叉路西
13	宝莲寺公园	45.09	宝莲寺路与汉源大道交叉西北
14	果树盆景园	0.26	云龙湖东岸,汉画像石馆南侧
15	云龙湖市民公园	520.03	云龙湖及云龙湖周边
16	玉带河公园	17.28	玉带河两侧
17	九里湖湿地公园	85.14	九里湖周边
18	黄河公园	14.78	故黄河两侧
19	荆马河公园	2.08	荆马河两侧
20	奎河公园	9.42	奎河两侧
合计	市级公园 20 个,共计 60.06 km²		

（2）片区级公园

编号	公园名称	面积/km²	位置
1	玉潭苑公园	39.04	襄王路与九里山西路交叉口西南侧
2	白云山公园	20.40	响山路与三环东路交叉口西北侧
3	大沙河公园	4.13	二环北路与铁道交叉处
4	古黄河公园	2.07	沈场段古黄河南侧
5	市民广场	30.57	市体校东侧,湖北路南侧
6	奎山公园	5.99	淮塔北门对面
7	青山公园	1.44	玉平物流中心北侧
8	汉桥公园	1.62	汉桥东南侧
9	百果园	22.48	御景路与迎宾大道交叉口西北角
10	科技广场	23.60	矿大老校区北侧,北至科技大道,西至解放南路
11	人民河河口公园	7.07	东至楚韵路
12	铜山区市民广场	2.54	铜山区政府南、彭祖路北侧
13	凤凰泉游园	3.69	贾韩路与旺北路交叉口西北侧
14	贾汪人民公园	12.96	贾韩路与旺北路交叉口东北侧
15	贾汪南湖公园	72.62	贾韩路与贾清路交叉口西南侧
16	贾汪凤鸣海公园	18.29	大洞山北侧
17	贾汪5号井矿工公园	12.42	团结路与联盟路交叉口西南侧
18	南湖公园	95.10	贾韩路与贾清路交叉口西南侧
19	徐运新河公园	5.83	徐云新河两侧
20	顺堤河公园	19.19	新城区顺堤河
21	肖庄河公园	19.92	位于肖庄河两侧
22	房亭河带状绿地	6.62	位于房亭河两侧
23	楚河公园东段	5.48	位于楚玉河两侧
合计	片区级公园23个,共计433.07 km²		

（3）专类公园

编号	公园名称	面积/km²	位置
1	龙腰山山体公园	30.96	铜山区湘江路南侧
2	劳武港防灾公园	7.23	劳武港
3	龟山景区	20.02	襄王北路3号
4	平山寺	2.05	平山路九里山口
5	白云寺	3.93	襄王路九里山口
6	徐州植物园	25.85	九里峰景小区东侧
7	古战场遗址公园	20.80	九里山
8	云龙山	128.72	云龙山及其周边
9	淮塔	36.53	凤凰山东侧
10	泰山	119.70	泰山及其周边
11	泉山森林公园	331.72	三环南路南侧,泉新路西侧
12	凤凰山	101.07	淮塔西侧,泰山东侧
13	徐州乐园	29.29	玉带路西侧,三环南路南侧
14	汉文化景区	62.10	郭庄路与三环东路交叉口西北
15	托龙山公园	30.04	徐州新区,托龙山1~2节山头
16	湖北路体育公园	41.69	湖北路东至煤建路
17	珠山公园	91.60	珠山周边
18	子房山公园	16.54	子房山及其周边
19	丁万河防灾公园	5.89	丁万河马洪路至西安北路
合计	专类公园19个,共计1 105.73 km²		

附录二　景观质量分析统计样本

编号	名称	地理位置	总评分	评价人数
1	九里山	江苏省徐州市铜山区汉城东路	4.3	7
2	徐州玉潭苑公园	徐州市鼓楼区九里山路 5 号	5	1
3	徐州植物园	徐州市鼓楼区平山路 3 号	4.3	53
4	龟山景区	徐州市鼓楼区襄王北路 3 号	4.5	120
5	九里山古战场	徐州市鼓楼区九里山古战场遗址（西三环路北）	3.9	21
6	九龙湖公园	徐州市鼓楼区中山北路与二环北路交叉口	4.8	40
7	汉王拔剑泉	徐州市铜山区汉王拔剑泉（府前路南）	4.7	9
8	故黄河公园	徐州市黄河南路 81 号	4.4	105
9	贾汪马庄民俗村	徐州市贾汪区潘安湖街道	4.3	4
10	大洞山风景区	徐州市贾汪区大洞山景区鹿楼村	4.6	35
11	贾汪大洞山土盆温泉度假村	徐州市贾汪区大洞山土盆村	4.8	6
12	督公湖风景区	徐州市贾汪区督公湖景区	4.7	29
13	督公山漂流	徐州市贾汪区督公湖景区	4.4	75
14	紫海蓝山文化创意园	徐州市贾汪区督公湖景区内紫海蓝山薰衣草庄园南大门	4.5	45
15	凤鸣海风景区	徐州市贾汪区凤鸣路与泓福路交叉口	3.9	11
16	潘安湖湿地公园	徐州市贾汪区潘安湖湿地风景区310 国道与徐贾快速通道交汇处	4.3	129
17	潘安水镇	徐州市贾汪区潘安湖湿地风景区北侧	4.3	104
18	徐州大景山滑雪场	徐州市贾汪区山水大道 26 号	4.6	324

编号	名称	地理位置	总评分	评价人数
19	大景山景区	徐州市贾汪区山水大道东首督公湖向西一公里	4.4	44
20	龙山温泉度假中心	徐州市贾汪区山水大道东首凤鸣海景区龙山大酒店内	5	18
21	茱萸养生谷	徐州市贾汪区山水大道与茱萸路交叉路口茱萸养生谷	4	54
22	织星庄园	徐州市贾汪区紫庄镇徐台村南200 m	4.8	6
23	蟠桃山佛教文化景区	徐州市贾汪区经济技术开发区宝莲寺路	4.6	138
24	九里湖	徐州市鼓楼区徐丰公路两侧	4.3	7
25	徐州龙襄生态园高尔夫俱乐部	徐州市鼓楼区中山北路延长段	4.5	6
26	云龙公园	徐州市泉山区和平路150号	4.5	68
27	王陵母墓	徐州市泉山区和平路150号云龙公园西门边	4.1	10
28	奎山公园	徐州市泉山区解放南路南150 m	4.6	34
29	淮海战役烈士纪念塔	徐州市泉山区解放南路2号	4.6	258
30	泉山森林公园	徐州市泉山区三环南路207号	4.5	84
31	彭祖园	徐州市泉山区泰山路21-1号	4.5	123
32	纳帕溪谷沙滩水世界	铜山新区汉王镇三华山	4.5	9
33	北洞山汉墓	徐州市铜山区茅村镇洞山村	4.4	9
34	无名山公园	徐州市铜山区长江西路22号	4.5	20
35	彭祖庙	徐州市铜山区大彭镇	4.3	3
36	汉楚王陵墓群	徐州市铜山区大彭镇大彭村	4.2	17
37	大龙湖	徐州市新城区起步区中心地带	4.6	73
38	月亮湾生态园	徐州市月亮湾生态庄园内	4.9	8
39	刘氏宗祠	徐州市云龙区兵马俑路1号	3.8	14

（续表）

编号	名称	地理位置	总评分	评价人数
40	徐州汉文化景区	徐州市云龙区兵马俑路1号	4.5	1 133
41	金龙湖景区	徐州市鼓楼区龙湖西路	4.6	80
42	骆驼山竹林寺	徐州市云龙区兵马俑路1号竹林寺内	4.3	28
43	户部山	徐州市云龙区户部山彭城路	4.3	85
44	戏马台景区	徐州市云龙区户部山项王路1号	4.2	239
45	快哉亭公园	徐州市云龙区解放路9号	4.6	19
46	兴化禅寺	徐州市云龙区云东一道街32号	3.7	10
47	小南湖景区	徐州市泉山区湖东路南湖景区	4.7	33
48	珠山风景区	徐州市泉山区云龙湖小南湖西珠山公园	4.7	38
49	滨湖公园	徐州市泉山区云龙湖北岸	4.6	55
50	云龙湖风景区	江苏省徐州市泉山区湖中路	4.6	1 028
51	子房山	徐州市云龙区子房山西麓	4	44
52	东山寺	徐州市云龙区津浦东路190号	4.5	19
53	季子挂剑台	徐州市泉山区湖中路徐州云龙湖旅游景区内	3	38
54	云龙山	徐州市云龙山	4.5	194

附录三　城市绿色基础设施生态功能重要性调查

尊敬的专家：

您好！

非常感谢您的大力支持！本问卷旨在调查多利益主体对绿色基础设施的需求以及绿色基础设施可提供的各项功能的重要性。恳请您根据您的认知和实践填写问卷，所调查的数据仅用于学术研究，希望您能配合与支持，再次向您表示感谢！

城市绿色基础设施是城市中的各种开敞空间和自然区域组成的绿色空间系统，包括各种林木、植被和河流、湖泊等。城市绿色基础设施可以发挥多种生态功能以满足多方利益主体的各类需求，如减少洪水灾害和调节城市温度的调节需求、碳排放的吸收及生物多样性保护的支持需求，以及满足市民对高质量的绿色休闲空间的文化需求。

说明：本次问卷是根据层次分析法的形式设计，共分为 2 个组别，需要对同一层次的影响因素的重要性进行两两比较。衡量标准划分为 5 个等级，对应 5 个数值，分别是 9—极端重要、7—非常重要、5—明显重要、3—稍微重要、1—同等重要。靠近 A 表示 A 因素重要于 B 因素，靠近 B 表示 B 因素重要于 A 因素。根据您的看法，在方格中打"√"即可。

绿色基础设施生态功能相对重要性比较

A	9	7	5	3	1	3	5	7	9	B
洪涝缓解功能										温度调节功能
洪涝缓解功能										碳排放吸收功能
洪涝缓解功能										生物多样性保护功能
洪涝缓解功能										游憩便捷性和可达性
洪涝缓解功能										景观质量和视觉效果
温度调节功能										碳排放吸收功能
温度调节功能										生物多样性保护功能
温度调节功能										游憩便捷性和可达性
温度调节功能										景观质量和视觉效果

A	9	7	5	3	1	3	5	7	9	B
碳排放吸收功能										生物多样性保护功能
碳排放吸收功能										游憩便捷性和可达性
碳排放吸收功能										景观质量和视觉效果
生物多样性保护功能										游憩便捷性和可达性
生物多样性保护功能										景观质量和视觉效果
游憩便捷性和可达性										景观质量和视觉效果

参 考 文 献

［1］常江,姬智,张心伦.我国近现代煤炭资源型城市发展、问题及趋势初探［J］.资源与产业.2019,21(2)：3-11.

［2］常江,罗萍嘉,王林秀,等.涅槃新生：城乡统筹视角下采煤沉陷区再利用研究［M］.徐州：中国矿业大学出版社,2018.

［3］王云才,申佳可,彭震伟,等.适应城市增长的绿色基础设施生态系统服务优化［J］.中国园林,2018,34(10)：45-49.

［4］Hansen R, Pauleit S. From Multifunctionality to Multiple Ecosystem Services? A Conceptual Framework for Multifunctionality in Green Infrastructure Planning for Urban Areas［J］.AMBIO,2014, 43(4)：516-529.

［5］Meerow S, Newell J P. Spatial planning for multifunctional green infrastructure：Growing resilience in Detroit［J］. Landscape and Urban Planning, 2017, 159：62-75.

［6］Rouse D C, Bunsier-Ossa I F. Green infrastructure：A landscape approach［J］. APA Planning Advisory Service Reports，2013(571)：1-164.

［7］Canzonieri C, Benidict M E, Macmhon E T. Green infrastructure：linking landscapes and communities［J］. Landscape Ecology, 2007, 22(5)：797-798.

［8］Mell I C. Can Green Infrastructure Promote Urban Sustainability［J］. Proceedings of the Institution of Civil Engineers, 2009, 162(1)：23-34.

［9］Fabos J G, Ryan R L. International greenway planning：An introduction［J］. Landscape and Urban Planning, 2004, 68(2)：143-146.

［10］Little C E. Greenways for America［J］. Environmental History Review, 1991, 15(4)：114-116.

［11］Miller M. Using Multifunctional Green Infrastructure to Address Resilience in Cities［D］. Philadelphia：Drexel University, 2017.

［12］Ahiablame L M, Engel B A, Chaubey I. Effectiveness of low impact development practices：literature review and suggestions for future research［J］. Water, Air, and Soil Pollution, 2012, 223(7)：4253-4273.

［13］翟俊.协同共生：从市政的灰色基础设施、生态的绿色基础设施到一体化的景观基础设施［J］.规划师,2012,28(9)：71-74.

［14］ European Commission. Building a green infrastructure for Europe ［M］. Luxembourg：European Commission，2013.

［15］ European Environment Agency. Spatial analysis of green infrastructure in Europe ［M］. Copenhagen：Publications Office of the European Union，2014.

［16］俞孔坚,李迪华,潮洛蒙.城市生态基础设施建设的十大景观战略[J].规划师,2001, 17(6)：9-13.

［17］张秋明.绿色基础设施[J].国土资源情报,2004(7)：35-38.

［18］李咏华,王竹.马里兰绿图计划评述及其启示[J].建筑学报,2010(S2)：26-32.

［19］邢忠,乔欣,叶林,等."绿图"导引下的城乡接合部绿色空间保护:浅析美国城市绿图计划[J].国际城市规划,2014,29(005)：51-58.

［20］ Millennium Ecosystem Assessment. Ecosystems and Human well-being. Biodiversity Synthesis［R］. A Report of the Millennium Ecosystem Assessment. Washington DC，2005：85.

［21］ Costanza R，Arge，Groot R D，et al. The value of the world's ecosystem services and natural capital[J]. Nature，1997，387(15)：253-260.

［22］ Harfst J，Wirth P. Structural change in former mining regions：Problems, potentials and capacities in multi-level-governance systems［J］. Procedia-Social and Behavioral Sciences，2011，14(2)：167-176.

［23］ Lockie S，Franettovich M，Petkova-Timmer V，et al. Coal mining and the resource community cycle：A longitudinal assessment of the social impacts of the Coppabella coal mine[J]. Environmental Impact Assessment Review，2009，29(5)：330-339.

［24］周士园,常江,罗萍嘉.采煤沉陷湿地景观格局与水文过程研究进展[J].中国矿业, 2018,27(12)：98-105.

［25］李永庚,蒋高明.矿山废弃地生态重建研究进展[J].生态学报,2004,24(1)：95-100.

［26］ Grunewald K，Bastian O. Ecosystem services — concept，methods and case studies ［M］. Berlin Heidelberg：Springer Berlin Heidelberg，2015.

［27］ Madureira H，Andresen T. Planning for multifunctional urban green infrastructures：Promises and challenges［J］. Urban Design International，2014, 19(1)：38-49.

［28］ Syrbe R U，Michel E，Walz U. Structural indicators for the assessment of biodiversity and their connection to the richness of avifauna ［J］. Ecological Indicators，2013，31：89-98.

［29］ Kazmierczak A，Handley J. Developing multifunctional green infrastructure[J]. Town and Country Planning，2013，82(10)：418-421.

［30］ Lehmann S. Low carbon districts：mitigating the urban heat island with green roof infrastructure[J]. City，Culture and Society，2014，5(1)：1-8.

[31] Spatari S, Yu Z W, Montalto F A. Life cycle implications of urban green infrastructure[J]. Environmental Pollution,2011,159(8/9): 2174-2179.

[32] Demuzere M,Orru K,Heidrich O, et al. Mitigating and adapting to climate change: Multi-functional and multi-scale assessment of green urban infrastructure [J]. Journal of Environmental Management, 2014, 146: 107-115.

[33] Castleton H F, Stovin V, Beck S B, et al. Green roofs: Building energy savings and the potential for retrofit[J]. Energy and Buildings, 2010, 42(10): 1582-1591.

[34] Cheng C Y, Cheung K K S, Chu L M. Thermal performance of a vegetated cladding system on facade walls[J]. Building and Environment, 2010,45(8): 1779-1787.

[35] Ahiablame L M, Engel B A, Chaubey I. Effectiveness of low impact development practices: Literature review and suggestions for future research[J]. Water, Air, and Soil Pollution, 2012, 223(7): 4253-4273.

[36] Dietz M E. Low impact development practices: A review of current research and recommendations for future directions[J]. Water, Air, and Soil Pollution, 2007, 186(1/2/3/4): 351-363.

[37] Ng E, Yuan C, Chen L, et al. Improving the wind environment in high-density cities by understanding urban morphology and surface roughness: A study in Hong Kong[J]. Landscape and Urban Planning, 2011, 101(1): 59-74.

[38] Radford K G, James P. Changes in the value of ecosystem services along a rural-urban gradient: a case study of greater Manchester, UK[J]. Landscape and Urban Planning, 2013, 109(1): 117-127.

[39] Escobedo F J, Kroeger T, Wagner J E. Urban forests and pollution mitigation: Analyzing ecosystem services an disservices[J]. Environmental Pollution, 2011, 159(8/9): 2078-2087.

[40] Tzoulas K,K orpela K, Venn S, et al. Promoting ecosystem and human health in urban areas using Green Infrastructure: A literature review[J]. Landscape and Urban Planning, 2007, 81(3): 167-178.

[41] Hardin P J, Jensen R R. The effect of urban leaf area on summertime urban surface kinetic temperatures: A Terre Haute case study[J]. Urban Forestry and Urban Greening, 2007, 6(2): 63-72.

[42] Fang C F, Ling D L. Investigation of the noise reduction provided by tree belts[J]. Landscape and Urban Planning, 2003,63(4): 187-195.

[43] Kaplan R. The Experience of Nature: A Psychological Perspective[M]. New York: CUP Archive, 1989.

[44] Kellert S, Wilson E. The Biophilia Hypotesis [M]. Washington DC: Island Press, 1993.

[45] Abbott A. Urban decay[J]. Nature, 2012,490：162-164.

[46] Vickers H, Gillespie M, Gravina A. Assessing the development of rehabilitated grasslands on post-mined landforms in north west Queensland, Australia[J]. Agriculture, Ecosystems and Environment, 2012, 163：72-84.

[47] Rottle N D. Factors in the landscape-based greenway: a mountains to sound case study[J]. Landscape and Urban Planning,2006, 76(1/2/3/4)：134-171.

[48] Lovell S T, Taylor J R. Supplying urban ecosystem services through multifunctional green infrastructure in the United States[J]. Landscape Ecology, 2013, 28(8)：1447-1463.

[49] Heckert M, Rosan C D. Developing a green infrastructure equity index to promote equity planning[J]. Urban Forestry and Urban Greening, 2016, 19：263-270.

[50] Byrne J A, Lo A Y, Yang J J. Residents & apos; understanding of the role of green infrastructure for climate change adaptation in Hangzhou, China[J]. Landscape and Urban Planning, 2015, 138：132-143.

[51] 李咏华,王竹.马里兰州绿图计划评述及其启示[J].建筑学报,2010(S2)：26-32.

[52] 李开然.绿道网络的生态廊道功能及其规划原则[J].中国园林,2010,26(3)：24-27.

[53] 周艳妮,尹海伟.国外绿色基础设施规划的理论与实践[J].城市发展研究,2010, 17(8)：87-93.

[54] 付喜娥,吴人韦.绿色基础设施评价(GIA)方法介述:以美国马里兰州为例[J].中国园林,2009,25(9)：41-45.

[55] 吴伟,付喜娥.绿色基础设施概念及其研究进展综述[J].国际城市规划,2009,4(5)：67-71.

[56] 张红卫,夏海山,魏民.运用绿色基础设施理论,指导"绿色"城市建设[J].中国园林,2009,25(9)：28-30.

[57] 李开然.绿色基础设施:概念,理论及实践[J].中国园林,2009,25(10)：88-90.

[58] 刘滨谊,张德顺,刘晖,等.城市绿色基础设施的研究与实践[J].中国园林,2013, 29(3)：6-10.

[59] 贺炜,刘滨谊.有关绿色基础设施几个问题的重思[J].中国园林,2011,27(1)：88-92.

[60] 安超,沈清基.基于空间利用生态绩效的绿色基础设施网络构建方法[J].风景园林, 2013(2)：22-31.

[61] 赵丹,李锋,王如松.城市土地利用变化对生态系统服务的影响:以淮北市为例[J]. 生态学报,2013,33(8)：2343-2349.

[62] 李屹峰,罗跃初,刘纲,等.土地利用变化对生态系统服务功能的影响:以密云水库流域为例[J].生态学报,2013,33(3)：726-736.

[63] 傅伯杰,张立伟.土地利用变化与生态系统服务:概念,方法与进展[J].地理科学进

展[J].2014,33(4)：441-446.

[64] Liyun Y，Linbo Z，et al. Water-related ecosystem services provided by urban green space：A case study in Yixing City （China）[J]. Landscape and Urban Planning，2015，136：40-51.

[65] 姜丽宁,应君,徐俊涛.基于绿色基础设施理论的城市雨洪管理研究：以美国纽约市为例[J].中国城市林业,2012,10(6)：59-62.

[66] 杨锐,王丽蓉.雨水花园：雨水利用的景观策略[J].城市问题,2011(12)：51-55.

[67] 李迪华.绿道作为国家与地方战略：从国家生态基础设施、京杭大运河国家生态与遗产廊道到连接城乡的生态网络[J].风景园林,2012(3)：49-54.

[68] 蒋文伟,孙鹏.绿色基础设施理论研究：以慈溪市绿地系统规划为例[J].北京林业大学学报(社会科学版),2012,11(2)：54-59.

[69] 应君,张青萍,王末顺,等.城市绿色基础设施及其体系构建[J].浙江农林大学学报,2011,28(5)：805-809.

[70] 裴丹.绿色基础设施构建方法研究述评[J].城市规划,2012,36(5)：84-90.

[71] 刘滨谊,张德顺,刘晖等.城市绿色基础设施的研究与实践[J].中国园林,2013,29(3)：6-10.

[72] 汪自书,吕春英,林瑾,等.基于绿色基础设施(GI)的生态安全格局构建方法与实例[C].城市规划和科学发展——2009中国城市规划年会论文集,2009.

[73] 王静文.城市绿色基础设施空间组织与构建研究[J].华中建筑,2014(2)：34-37.

[74] Frey，H. Designing the City：Towards A More Sustainable Urban Form[M]. London：Routledge，1999.

[75] Wang R S，Li F，Hu D，et al. Understanding eco-complexity：Social-Economic-Natural Complex Ecosystem approach[J]. Ecological Complexity，2011，8（1）：15-29.

[76] Robbers J. Keeping brown field green[J]. Building Engineer，2007，82(1)：16-17.

[77] 胡振琪,赵艳玲,程玲玲. 中国土地复垦目标与内涵扩展[J].中国土地科学,2004,18(3)：3-8.

[78] Bäing A. The Future of Strategic Brownfield Regeneration in England — Between Urban Intensification and Green Infrastructure Provision. Proceedings REALCORP [M]. Manchester：Tagungsband，2011.

[79] Pediaditi K，Doick K J，Moffat A J. Monitoring and evaluation practice for brownfield，regeneration to greenspace initiatives：A meta-evaluation of assessment and monitoring tools[J]. Landscape and Urban Planning，2010，97(1)：22-36.

[80] Parrotta J A，Oliver H. Knowles O H. Restoring tropical forests on lands mined for bauxite：Examples from the Brazilian Amazon [J]. Ecological Engineering，2001，17(2/3)：219-239.

[81] Schulz F, Wiegleb G. Development options of natural habitats in a post-mining landscape[J]. Land Degradation and Development, 2000, 11(2): 99-110.

[82] Christopher A. The greening of brownfields in American cities[J]. Journal of Environmental Planning & Management, 2004, 47(4): 579-600.

[83] Bradshaw A. Restoration of mined lands-using natural processes [J]. Ecological Engineering, 1997, 8(14): 255-269.

[84] Pizarro R. Urban Form and Climate Change. Towards Appropriate Development Patterns to Mitigate and Adapt to Global Warming. In: Davoudi S, Crawford J, Mehmood A. (Eds.): Planning for Climate Change[C]. London: Strategies for Mitigation and Adaptation for Spatial Planners Earthscan, 2009: 33-45.

[85] Williams K, Joynt Y Y, Hopkins D. Adapting to Climate Change in the Compact City: The Suburban Challenge[J]. Built Environment, 2010, 36(1): 105-115.

[86] Chang J, Hu T T, Liu X X, et al. Construction of green infrastructure in coal-resource based city: a case study in Xuzhou urban area[J]. International Journal of Coal Science & Technology, 2018, 5(1): 92-104.

[87] Bowler D E, Buyung-Ali L, Knight T M, et al. Urban greening to cool towns and cities: A systematic review of the empirical evidence[J]. Landscape and Urban Planning, 2010, 97(3): 147-155.

[88] Lafortezza R, Carrus G, Sanesi G, et al. Benefits and well-being perceived by people visiting green spaces in periods of heat stress[J]. Urban Forestry and Urban Greening, 2009, 8(2): 97-108.

[89] Lal R, Augustin B. Carbon Sequestration in Urban Ecosystems[M]. Dordrecht: Springer Netherlands, 2012.

[90] Strohbach M W, Arnold E, Haase D. The carbon footprint of urban green space — A life cycle approach[J]. Landscape and Urban Planning, 2012, 104(2): 220-229.

[91] Vickers H, Gillespie M, Gravina A.. Assessing the development of rehabilitated grasslands on post-mined landforms in north west Queensland, Australia [J]. Agriculture, Ecosystems and Environment, 2012, 163(12): 72-84.

[92] Bradshaw A. Restoration of mined lands — using natural processes[J]. Ecological Engineering, 1997, 8(4): 255-269.

[93] Shimamoto C Y, Botosso P C, Marques M. How much carbon is sequestered during the restoration of tropical forests? Estimates from tree species in the Brazilian Atlantic forest[J]. Forest Ecology and Management, 2014, 329: 1-9.

[94] Kalin M. Biogeochemical and ecological considerations in designing wetland treatment systems in post-mining landscapes[J]. Waste Management, 2001, 21(2): 191-196.

[95] Wang L. L. Landscape Restoration Regionalization for Resource- exhausted Coal Mine Areas Based on GIS[C]. 2009 International Conference on Environmental Science and Information Application Technology. Wuhan, JUL 04-05, 2009.

[96] Choi Y. Development of a GIS-based System for Deforestation Characterization and Species Selection at Abandoned Coal Mines[J]. Journal of the Korean Society of Mineral and Energy Resources Engineers, 2012, 49(6): 746-756.

[97] Isaia M, Giachino P, Sapino E, et al. Conservation value of artificial subterranean systems: A case study in an abandoned mine in Italy[J]. Journal for nature conservation, 2011, 19(1): 24-33.

[98] 白中科, 郧文聚. 矿区土地复垦与复垦土地的再利用: 以平朔矿区为例[J]. 资源与产业, 2008(5): 32-37.

[99] 余际从, 王伟. 关于矿业产业定位的国际比较分析[J]. 中国矿业, 2005, 14(11): 1-3.

[100] 常江, 陈晓璐. 采煤塌陷区生态修复规划中的景观策略与方法: 以青山泉镇塌陷地生态修复规划为例[J]. 规划师, 2010, 26(12): 59-63.

[101] 吴琳娜, 罗海波. 基于生物多样性保护的土地开发整理复垦分区研究[J]. 贵州农业科学, 2010, 38(9): 243-247.

[102] 胡振琪, 肖武. 矿山土地复垦的新理念与新技术——边采边复[J]. 煤炭科学技术, 2013, 41(9): 178-181.

[103] 焦华富, 陆林. 采煤塌陷地土地复垦研究——以淮北市为例[J]. 经济地理, 1999, 19(4): 90-94.

[104] 卞正富, 许家林, 雷少刚. 论矿山生态建设[J]. 煤炭学报, 2007, 32(1): 13-19.

[105] 胡振琪, 龙精华, 王新静. 论煤矿区生态环境的自修复、自然修复和人工修复[J]. 煤炭学报, 2014, 39(8): 1751-1757.

[106] 方创琳, 毛汉英. 兖滕两淮地区采煤塌陷地的动态演变规律与综合整治[J]. 地理学报, 1998, 53(1): 24-31.

[107] 苏继红, 董杰, 刘文玉, 等. 煤炭资源型城市景观生态规划研究[J]. 煤炭工程, 2011(7): 24-25.

[108] 纪万斌. 煤炭资源城市生态恢复治理补偿机制的探讨[J]. 今日国土, 2010(12): 18-21.

[109] 孙贤斌, 刘红玉. 基于生态功能评价的湿地景观格局优化及其效应: 以江苏盐城海滨湿地为例[J]. 生态学报, 2010, 30(5): 1157-1166.

[110] 张伟, 张文新, 蔡安宁, 等. 煤炭城市采煤塌陷地整治与城市发展的关系: 以唐山市为例[J]. 中国土地科学, 2013, 27(12): 73-79.

[111] 鲍艳, 胡振琪, 陈改英. 矿山关闭后矿业城市面临的问题研究综述[J]. 测绘通报, 2005(06): 59-61.

[112] 廖谌婳. 平原高潜水位采煤塌陷区的景观生态规划与设计研究[D]. 北京: 中国地

质大学(北京),2012.

[113] 侯湖平,张绍良,闫艳,等.基于 RS,GIS 的徐州城北矿区生态景观修复研究[J].中国矿业大学学报,2010,39(04):504-510.

[114] 李保杰,顾和和,纪亚洲.矿区土地复垦景观格局变化和生态效应[J].农业工程学报,2012,28(3):251-256.

[115] 徐嘉兴,李钢,陈国良,等.土地复垦矿区的景观生态质量变化[J].农业工程学报,2013,29(1):232-239,296.

[116] 渠爱雪.矿业城市土地利用与生态演化研究[D].徐州:中国矿业大学,2009.

[117] 冯姗姗.城市 GI 引导下的采矿迹地生态恢复理论与规划研究[D].徐州:中国矿业大学,2016.

[118] 任小耿.徐州市绿色基础设施网络构建研究[D].徐州:中国矿业大学,2015.

[119] Hu T T, Chang J J, Liu X X, et al. Integrated methods for determining restoration priorities of coal mining subsidence areas based on green infrastructure: A case study in the Xuzhou urban area of China[J]. Ecological Indicators, 2018,94(Part 2):164-174.

[120] 卢喜林,周佳,魏海燕.煤炭矿区规划环评与项目环评的衔接研究[J].环境科学与管理,2012,37(08):163-166.

[121] 李志刚.矿区总体规划编制探讨[J].煤炭工程,2014,46(10):72,73,77.

[122] 余慕溪.关闭矿井土地退出增值收益分配研究[D].徐州:中国矿业大学,2019.

[123] 张石磊,冯章献,王士君.传统资源型城市转型的城市规划响应研究:以白山市为例[J].经济地理,2011,31(11):1834-1839.

[124] 陈明,马嵩.从避免资源压覆看空间规划的协调:基于东中部煤炭城市调研分析[J].城市规划,2014,38(9):9-14,44.

[125] 武静.探索煤矿塌陷废弃地在城市绿地系统规划中的改造和利用[J].工程建设与档案,2005(3):161-163.

[126] 白中科,赵景逵.工矿区土地复垦、生态重建与可持续发展[J].科技导报,2001,19(9):49-52.

[127] 孙顺利,周科平.矿区生态环境恢复分析[J].矿业研究与开发,2007,27(5):78-81.

[128] 郭敏,贾志红.矿业城市可持续发展综合评价与政策建议[J].中国矿业,2014,23(4):65-68.

[129] 余慕溪,王林秀,袁亮,等.资源型城市矿区土地增值收益分配影响因素研究[J].中国软科学,2019(4):152-159.

[130] 徐大伟,杨娜,张雯.矿山环境恢复治理保证金制度中公众参与的博弈分析:基于合谋与防范的视角[J].运筹与管理,2013,22(4):20-25.

[131] 靳东升,郜春花,张强,等.山西省采煤区农户复垦意愿研究[J].现代农业科技,2011,(8):350-351.

[132] 中国气象局预测减灾司.中国气象地理区划手册[S].北京：气象出版社,2006.

[133] 余建辉,李佳洺,张文忠.中国资源型城市识别与综合类型划分[J].地理学报，2018,73(4)：677-687.

[134] 周士园.基于情景模拟的煤炭资源型城市湿地景观生态安全评价与预警研究[D].徐州：中国矿业大学,2020.

[135] 周士园,常江,罗萍嘉,等.资源型城市转型中的规划引导研究：以徐州市为例[J].中国矿业,2016,25(11)：88-92.

[136] Daily G. Nature's Services. Societal Dependence on Natural Ecosystems[M]. Washington D.C：Island Press，1997.

[137] Grunewald K，Herold H，Marzelli S，et al. Assessment of ecosystem services at the national level in Germany — Illustration of the concept and the development of indicators by way of the example wood provision[J]. Ecological Indicators，2016，70：181-195.

[138] Haines-Young R H，Potschin M. Guidance on the Application of the Revised Structure[S]. Nottingham：Common International Classification of Ecosystem Services (CICES) V5.1，2018.

[139] 张银.淮南谢桥矿区生态服务价值对土地利用变化的响应[J].安徽农学通报，2019,25(5)：140-141，161.

[140] 李保杰,顾和和,纪亚洲.复垦矿区生态系统服务价值空间分异研究：以徐州市贾汪矿区为例[J].中国矿业大学学报,2014,43(4)：749-756.

[141] Hu T T，Chang J，Syrbe R U. Green Infrastructure Planning in Germany and China — A comparative approach to green space policy and planning structure[J]. Research in Urbanism Series，2020(6)：99-125.

[142] 杜乐山,李俊生,刘高慧,等.生态系统与生物多样性经济学(TEEB)研究进展[J].生物多样性,2016,24(6)：686-693.

[143] 冯姗姗,常江,侯伟.GI引导下的采煤塌陷地生态恢复优先级评价[J].生态学报，2016，36(9)：2724-2731.

[144] 胡振琪,龙精华,王新静.论煤矿区生态环境的自修复、自然修复和人工修复[J].煤炭学报，2014，39(8)：1751-1757.

[145] 张炜.城市绿色基础设施的生态系统服务评估和规划设计应用研究[D].北京：北京林业大学,2017.

[146] Bowman J T. Connecting National Wildlife Refuges with Green Infrastructure：the Sherburne — Crane Meadows Complex[D]. St. Paul：University of Minnesota，2008.

[147] Walmsley A. Greenways：Multiplying and Diversifying in The 21st Century[J]. Landscape and Urban Planning，2006，76(1/2/3/4)：252-290.

［148］Adriaensen F，Chardon J P，De Blust G，et al. The Application of "Least-Cost" Modelling as a Functional Landscape Model［J］. Landscape and Urban Planning，2003，64（4）：233-247.

［149］Yu K J. Security Patterns and Surface Model in Landscape Ecological Planning［J］. Landscape and Urban Planning，1996，36（5）：1-17.

［150］Gomez-Baggethun E，Barton D N. Classifying and valuing ecosystem services for urban planning［J］. Ecological Economics，2013，86：235-245.

［151］Holling C S. Engineering resilience versus ecological resilience［J］. Engineering within ecological constraints，1996，31：32-44.

［152］Adger W N. Building resilience to promote sustainability［C］. Newsletter of the International Human Dimensions Program on Global Environmental Change，2003，2：1-3.

［153］Theobald D M，Crooks K R，Norman J B. Assessing effects of land use on landscape connectivity：loss and fragmentation of western U. S. forests［J］. Ecological Applications，2011，21（7）：2445-2458.

［154］Polasky S，Nelson E，Pennington D，et al. The Impact of Land-Use Change on Ecosystem Services，Biodiversity and Returns to Landowners：A Case Study in the State of Minnesota［J］. Environmental & Resource Economics，2011，64：219-242.

［155］谢高地,张彩霞,张昌顺,等.中国生态系统服务的价值［J］.资源科学,2015,37(9)：1740-1746.

［156］Jaeger J A G，Schwarz-von Raumer H G，Esswein H，et al. Time Series of Landscape Fragmentation Caused by Transportation Infrastructure and Urban Development：a Case Study from Baden-Württemberg，Germany［J］. Ecology and Society，2007，12（1）：181-194.

［157］Pascual-Hortal L，Saura S. Comparison and development of new graph-based connectivity indices：Towards the prioritzation of habitat patches and corridors for conservation［J］. Landscape Ecology，2006，21（7）：959-967.

［158］费宜玲. 江苏省鸟类物种多样性及地理分布格局研究［D］.南京：南京林业大学,2011.

［159］Soille P，Vogt P. Morphological segmentation of binary patterns［J］. Pattern Recognition Letters,2009,30（4）：456-459.

［160］Vogt P，Riitters K H，Estreguil C，et al. Mapping Spatial Patterns with Morphological Image Processing［J］. Landscape Ecology，2007，22（2）：171-177.

［161］Soille P. Morphological Image Analysis-Principles and Applications［M］// Morphological Image Analysis：Principles and Applications. New York：Springer-

Verlag New York，2003.

[162] 曹翊坤. 深圳市绿色景观连通性时空动态研究[D].北京：中国地质大学（北京），2012.

[163] Kang S J，Kim J O. Morphological analysis of green infrastructure in the Seoul metropolitan area，South Korea[J]. Landscape and Ecological Engineering，2015，11(2)：259-268.

[164] Cheng Q，Jiang P，Cai L，et al. Delineation of a permanent basic farmland protection area around a city centre：Case study of Changzhou City，China[J]. Land Use Policy，2017，60：73-89.

[165] Cao Y，Meichen F U，Xie M，et al. Landscape connectivity dynamics of urban green landscape based on morphological spatial pattern analysis(MSPA) and linear spectral mixture model(LSMM) in Shenzhen[J]. Acta Ecologica Sinica，2015，35：526-536.

[166] 杨志广,蒋志云,郭程轩,等.基于形态空间格局分析和最小累积阻力模型的广州市生态网络构建[J].应用生态学报,2018,29(10)：3367-3376.

[167] 刘颂,何蓓.基于MSPA的区域绿色基础设施构建：以苏锡常地区为例[J].风景园林,2017(8)：98-104.

[168] 邱瑶,常青,王静.基于MSPA的城市绿色基础设施网络规划：以深圳市为例[J].中国园林,2013,29(5)：104-108.

[169] 陈竹安,况达,危小建,等.基于MSPA与MCR模型的余江县生态网络构建[J].长江流域资源与环境,2017,26(8)：1199-1207.

[170] 谢于松,王倩娜,罗言云.基于MSPA的市域尺度绿色基础设施评价指标体系构建及应用：以四川省主要城市为例[J].中国园林,2020,36(07)：87-92.

[171] Wirth P，Chang J，Syrbe R U，et al. Green infrastructure：A planning concept for the urban transformation of former coal-mining cities[J]. International Journal of Coal Science and Technology，2018，5(1)：78-91.

[172] 吴雪飞,谭传东.武汉中心城区生态系统服务额外需求量化评估：缘起绿色基础设施供需错配[J].中国园林,2020,36(5)：127-132.

[173] 蔡彩.基于高分辨率遥感影像的城市不透水层提取研究进展浅析[J].北京测绘,2018,32(9)：1007-1014.

[174] 田玉刚,徐韵,杨晓楠.一种提取城市多种不透水层的垂直不透水层指数[J].测绘学报,2017,46(4)：468-477.

[175] 托马斯 H. 罗斯. 场地规划与设计手册[M].顾卫华,译.北京：机械工业出版社,2005.

[176] 杨学森.基于单通道算法的Landsat-8卫星数据地表温度反演研究[D].北京：中国地质大学，2015.

[177] 李召良,段四波,唐伯惠,等.热红外地表温度遥感反演方法研究进展[J].遥感学报,2016,20(5):899-920.

[178] 宋挺,段峥,刘军志,等.Landsat-8 数据地表温度反演算法对比[J].遥感学报,2015,19(3):451-464.

[179] 刘晶.基于 Landsat-8 数据的地表温度反演算法对比[D].西安:长安大学,2018.

[180] Wang F, Qin Z, Song C, et al. An improved mono-window algorithm for land surface temperature retrieval from landsat 8 thermal infrared sensor data[J]. Remote Sensing, 2015, 7(4): 4268-4289.

[181] 毛克彪.用于 MODIS 数据的地表温度反演方法研究[D].南京:南京大学,2004.

[182] Wan Z, Li Z L. A physics-based algorithm for retrieving land-surface emissivity and temperature from EOS/MODIS data[J]. IEEE Transactions on Geoscience and Remote Sensing, 1997, 35(4): 980-996.

[183] 杨丽萍,王乐,孙晓辉,等.基于遥感的西安市热力景观格局演变[J].水土保持研究,2017,24(1):250-255.

[184] 覃志豪,Li W J,Zhang M H,et al.单窗算法的大气参数估计方法[J].国土资源遥感,2003(02):37-43.

[185] 侯湖平,张绍良,丁忠义,等.煤矿区土地利用变化对生态系统植被碳储量的影响:以徐州垞城矿为例[J].煤炭学报,2013,38(10):1850-1855.

[186] 高扬,何念鹏,汪亚峰.生态系统固碳特征及其研究进展[J].自然资源学报,2013,28(07):1264-1274.

[187] 李国栋,张俊华,陈聪,等.气候变化背景下中国陆地生态系统碳储量及碳通量研究进展[J].生态环境学报,2013,22(5):873-878.

[188] 唐博,龙江平,章伟艳,等.中国区域滨海湿地固碳能力研究现状与提升[J].海洋通报,2014,33(5):481-490.

[189] 张云倩,张晓祥,陈振杰,等.基于 InVEST 模型的江苏海岸带生态系统碳储量时空变化研究[J].水土保持研究,2016,23(3):100-105,111.

[190] 荣月静,张慧,赵显富.基于 InVEST 模型近 10 年太湖流域土地利用变化下碳储量功能[J].江苏农业科学,2016,44(6):447-451.

[191] 周伟,王晓洁,关庆伟,等.基于二类调查数据的森林植被碳储量和碳密度:以徐州市为例[J].东北林业大学学报,2012,40(10):71-74,88.

[192] 揣小伟,黄贤金,郑泽庆,等.江苏省土地利用变化对陆地生态系统碳储量的影响[J].资源科学,2011,33(10):1932-1939.

[193] 方精云,刘国华,徐嵩龄.我国森林植被的生物量和净生产量[J].生态学报,1996(5):497-508.

[194] 徐新良,曹明奎,李克让.中国森林生态系统植被碳储量时空动态变化研究[J].地理科学进展,2007,26(6):1-10.

[195] 宗世贤,刘昉勋,黄致远,等.江苏海岸带陆生盐土植物矿质元素含量的特点及生物循环[J].植物资源与环境,1993(4)：22-27.

[196] 方精云,郭兆迪,朴世龙,等.1981—2000年中国陆地植被碳汇的估算[J].中国科学：D辑,2007,37(6)：804-812.

[197] 董波,万福绪,严妍,等.徐州市石灰岩山地不同植被恢复模式的碳储量[J].水土保持通报,2015,35(3)：288-292.

[198] 尹海伟,孔繁花,宗跃光.城市绿地可达性与公平性评价[J].生态学报,2008,28(7)：3375-3383.

[199] 宋秀华,郎小霞,朴永吉,等.基于GIS的城市公园绿地可达性分析[J].山东农业大学学报：自然科学版,2012,43(3)：400-406.

[200] 董仁才,张娜娜,李思远,等.四个可持续发展实验区绿地系统可达性比较研究[J].生态学报,2017,37(10)：3256-3263.

[201] 赵焕臣,许树柏.层次分析法：一种简易的新决策方法[M].北京：科学出版社,1986.

[202] Knaapen J P, Scheffer M, Harms B. Estimating habitat isolation in landscape planning[J]. Landscape and Urban Planning, 1992, 23(1)：1-16.

[203] 张继平,乔青,刘春兰,等.基于最小累积阻力模型的北京市生态用地规划研究[J].生态学报,2017(19)：28-36.